AF567250

JOSÉ VOUILLAMOZ

SCHWEIZER REBSORTEN

GESCHICHTE UND URSPRÜNGE

HAUPT VERLAG

Unter der Schirmherrschaft der Association Vitis Alpina
(c/o José Vouillamoz, Rue de Lausanne 52, CH-1950 Sitten)

Autor und Verlag danken folgender Institution für ihre Unterstützung:

Fotos: © Sedrik Nemeth, CH-Sion, www.sedriknemeth.com

1. Auflage: 2018

Diese Publikation ist in der Deutschen Nationalbibliografie verzeichnet.
Mehr Informationen dazu finden Sie unter http://dnb.dnb.de.

Der Haupt Verlag wird vom Bundesamt für Kultur mit einem Strukturbeitrag
für die Jahre 2016–2020 unterstützt.

ISBN 978-3-258-08087-1

Umschlagabbildung: Blanc des Hombes, © Sedrik Nemeth, CH-Sion
Satz: Die Werkstatt Medien-Produktion GmbH, D-Göttingen, nach einem Konzept
von François Bernaschina, Francfort Communication et Partenaires, CH-Lausanne
Grafiken: François Bernaschina, Francfort Communication et Partenaires, CH-Lausanne
Originalausgabe: Editions Favre SA, CH-Lausanne: José Vouillamoz, Cépages Suisses.
Histoires et origines, 2017

Printed in Germany

www.haupt.ch

Inhaltsverzeichnis

Einführung

Die Weinrebe ist in ihrer natürlichen Form eine Liane. Es liegt in ihrer Natur, an Bäumen oder anderen Trägern entlangzuklettern, um Blüten zu bilden. Sobald sie durch den Wind oder durch kleinere Insekten befruchtet wurden, bilden die Blüten oberhalb des Blätterdachs Früchte, damit diese von Vögeln gefressen werden, welche die Körner an einem anderen Ort über ihren Darm wieder ausscheiden. So wird die Art der Pflanze erhalten. Vor 10 000 Jahren hat sich der Mensch diese Liane, aus der alle Rebsorten der Welt stammen, zunutze gemacht. Um sie zu kultivieren, muss sie regelmäßig gestutzt werden, was eine extreme Belastung für die Pflanze ist. Um zu überleben, produziert sie Früchte, die eine neue Generation hervorbringen soll: Für den Menschen findet an diesem Punkt die Weinlese statt. Daher hat der botanische Name *Vitis vinifera* die Bedeutung «Rebe, die den Wein trägt». Tatsächlich sind fast alle Weine der Welt aus dieser botanischen Art entstanden – mit Ausnahme einiger alkoholischer Getränke aus amerikanischen Sorten (wie *Vitis labrusca* oder *Vitis riparia*), welche manchmal in den USA aber auch im Tessin verwendet verwendet, um den Nostrano-Wein herzustellen (mit unter anderen der Rebsorte Isabella, auch Fragolino oder Gros Framboisé genannt.

Es wird geschätzt, dass weltweit zwischen 5 000 und 10 000 Rebsorten existieren, einschließlich der Keltertrauben (zur Weinherstellung), der Tafeltrauben, der Rosinentrauben, sowie der Unterlagsreben (Hybriden der US-amerikanischen Arten, auf welche die europäischen Rebsorten aufgepfropft werden, um sie vor der Reblaus zu schützen). In unserem Nachschlagewerk *Wine Grapes* (Allen Lane 2012) habe ich mit meinen Co-Autorinnen Jancis Robinson MW[1] und Julia Harding MW 1 368 weltweit kultivierte Rebsorten zur Herstellung von Wein, der im Handel verfügbar ist, aufgelistet. In der Schweiz werden mindestens 252 Rebsorten (ohne Testrebsorten und andere Raritäten) auf etwa 15 000 ha kultiviert, sprich, auf 0,2 Prozent der weltweiten Rebfläche (vgl. Tabelle 1). Von diesen 252 Rebsorten sind 168 unter den kontrollierten Ursprungsbezeichnungen (AOC) zugelassen, das sind 12 bis 85 Rebsorten pro Kanton. Diese Vielfalt ist enorm und könnte einen Weltrekord darstellen. Es stellt sich jedoch die Frage, ob man sich damit brüsten oder beunruhigt sein sollte. Tatsächlich stellt die Vielfalt noch keine Identität dar, was dazu provozieren könnte, zu behaupten: «Der Schweizer Wein existiert nicht!».

Ich unterscheide zwischen drei Kategorien von Schweizer Rebsorten: den Einheimischen, die dort vermutlich entstanden sind, den Traditionellen, die vor 1900 in der Schweiz präsent waren, und den Allogenen, die dort nach 1900 eingeführt wurden, das heißt während oder nach dem Wiederaufbau der Weinberge infolge der Reblausseuche. Folglich sind 31,6 Prozent der Sorten einheimisch (80 – einschließlich 43 Hybriden, 16 Kreuzungen und 21 Rebsorten spontanen Ursprungs, welche ich «Ursprüngliche Rebsorten» nenne), 8,4 Prozent sind traditionell (23), während über 60 Prozent der kultivierten Rebsorten in der Schweiz allogen (152) sind (vgl. Tabelle 1).

---

1 *Master of Wine* ist die renommierteste Qualifikation des Weinsektors, die bis heute nur 353 Personen in 28 verschiedenen Ländern erhalten haben. Um den Titel zu erlangen, müssen theoretische und praktische Prüfungen auf sehr hohem Niveau absolviert werden.

Tabelle 1: In der Schweiz werden mindestens 252 Rebsorten auf etwa 14 793 ha kultiviert (Stand 2015), dabei sind die Direktträgerhybriden, die unbedeutenden sowie die Testrebsorten nicht mitgezählt (die Gesamtzahl überschreitet somit 300 Rebsorten). Das vorliegende Werk beschäftigt sich mit den 80 einheimischen Rebsorten (die Gesamtzahl überschreitet 100 einheimische Rebsorten, wenn man die neuen Kreuzungen und Testhybriden mitrechnet). Die Flächenangaben stammen aus *Das Weinjahr 2015* vom Schweizerischen Bundesamt für Landwirtschaft BLW. Von den 252 Rebsorten sind 168 unter den kontrollierten Ursprungsbezeichnungen (AOC) zugelassen. Die Kantone mit der größten Vielfalt an Rebsorten mit AOC sind: Zürich (85), Waadt (66) und Basel-Landschaft (62, einschließlich Basel-Stadt und Solothurn). Das Wallis, die größte Weinanbauregion des Landes, erreicht nur den sechsten Platz mit 57 Rebsorten.

Rebsorten (einheimische fettgedruckt)	Farbe	Fläche (ha)	Einheimische	Traditionelle	Allogene	Kreuzungen	Hybriden	Appenzell Ausserrhoden, Appenzell Innerrhoden, Glarus, St. Gallen und Schaffhausen	Aargau	Basel-Landschaft, Basel-Stadt, Solothurn	Bielerseeregion	Thunerseeregion	Freiburg	Genf	Graubünden	Luzern	Neuenburg	Schwyz	Tessin	Wallis	Waadt	Zürich	Andere Kantone
Acolon	r	2,76			×				×						×							×	
Alicante Bouschet	r	0,11			×																		
Aligoté	w	24,12			×									×						×	×		×
Alphonse Lavallée	r	<0,01			×																		
Altesse	w	4,84		×										×						×	×		
Amigne	w	41,54	×																	×	×		×
Ancellotta	r	28,29			×									×					×	×	×		×
Ansonica	w	<0,01			×																		
Arinarnoa	r	1,50			×														×				
Arneis	w	0,09			×																		
Arvine	w	177,73	×											×						×	×		×
Aurore	w	0,01			×																		
Auxerrois	w	3,49			×								×	×		×					×		×
Bacchus	w	1,47			×				×	×													
Baco Noir	r	1,14			×			×															
Barbera	r	0,48			×																		
Baron	r	0,10			×			×								×							
Bianca	w	2,16			×			×	×	×	×									×		×	
Birstaler Muskat	w	1,02	×				×	×								×						×	
Blaufränkisch	r	3,67			×			×	×	×	×	×			×	×		×				×	
Bondola	r	10,89	×																×		×		×
Bondoletta	r	0,50	×																				
Bouvier	w	0,04			×						×		×										
Bronner	w	0,54			×															×		×	
Buffalo	r	0,02			×																		
BX 81-83	r	0,57			×																		

Rebsorten (einheimische fettgedruckt)	Farbe	Fläche (ha)	Einheimische	Traditionelle	Allogene	Kreuzungen	Hybriden	Appenzell Ausserrhoden, Appenzell Innerrhoden, Glarus, St. Gallen und Schaffhausen	Aargau	Basel-Landschaft, Basel-Stadt, Solothurn	Bielerseeregion	Thunerseeregion	Freiburg	Genf	Graubünden	Luzern	Neuenburg	Schwyz	Tessin	Wallis	Waadt	Zürich	Andere Kantone
Cabernello (MRAC 40)	r	0,02	×			×																	
Cabernet B	r	2,59			×																		
Cabernet Blanc	w	3,01	×				×			×					×							×	
Cabernet Cantor	r	1,41			×						×												
Cabernet Carbon	r	0,89			×			×	×	×	×					×						×	
Cabernet Carol	r	0,12			×						×												
Cabernet Colonjes	r	<0,01	×				×																
Cabernet Cortis	r	4,17			×			×		×	×					×						×	
Cabernet Cubin	r	3,43			×			×	×	×					×							×	
Cabernet Dorio	r	0,23			×										×								
Cabernet Dorsa	r	27,83			×			×	×	×	×	×	×		×	×		×			×	×	
Cabernet Early	r	0,09			×																		
Cabernet Franc	r	63,04		×				×	×		×		×	×		×			×	×	×	×	×
Cabernet Jura	r	27,35	×					×	×	×	×	×	×		×	×		×				×	
Cabernet Mitos	r	2,71			×				×	×	×				×							×	
Cabernet Noir	r	0,58			×																	×	
Cabernet Sauvignon	r	66,26		×				×	×	×	×		×	×	×	×		×	×	×	×	×	×
Cabernet Soyhières	r	0,92	×				×															×	
Cabernet VB	r	0,52	×				×															×	
Cabernet × Maréchal Foch	r	0,11	×				×								×								
Caberneuf	r	<0,01	×				×									×							
Cabertin	r	1,58	×				×			×	×							×				×	
CabVB	w	0,03	×				×																
CabVB	r	0,06	×				×																
CALadoc	r	0,17			×																		
Carmenère	r	0,07			×																		
Carminoir	r	11,25	×			×				×	×		×	×					×	×		×	×
Chambourcin	r	2,43			×			×			×												
Chancellor	r	0,49			×																		
Chardonnay	w	358,80		×				×	×	×	×	×	×	×	×	×	×	×	×	×	×	×	×
Chardoris	w	0,18	×			×																	
Charmont	w	9,89	×			×		×	×	×	×		×	×						×	×	×	×
Chasselas	w	3838,23	×					×	×	×	×	×	×	×			×	×	×	×	×	×	×
Chenin Blanc	w	7,76			×									×						×	×		×
Clinton	r	0,26			×																		
Completer	w	4,85	×												×					×	×	×	×

Rebsorten (einheimische fettgedruckt)	Farbe	Fläche (ha)	Einheimische	Traditionelle	Allogene	Kreuzungen	Hybriden	Appenzell Ausserrhoden, Appenzell Innerrhoden, Glarus, St. Gallen und Schaffhausen	Aargau	Basel-Landschaft, Basel-Stadt, Solothurn	Bielerseeregion	Thunerseeregion	Freiburg	Genf	Graubünden	Luzern	Neuenburg	Schwyz	Tessin	Wallis	Waadt	Zürich	Andere Kantone
Cornalin (Humagne Rouge)	r	137,64	×																	×	×		×
Cornarello (MRAC 1626)	r	0,02	×			×																	
Corvina	r	<0,01			×																		
Dakapo	r	15,24			×			×	×	×	×		×	×	×						×	×	
De Chaunac	r	0,16			×			×	×									×					
Deckrot	r	0,03			×					×					×								
Diolinoir	r	119,84	×			×		×	×	×	×	×	×	×	×	×		×	×	×	×	×	×
Diolle	w	0,03	×																				
Divico	r	9,92	×				×				×	×	×	×	×	×				×	×		
Dolcetto	r	0,01			×																		
Domina	r	0,08			×																	×	
Doral	w	35,32	×			×			×				×	×			×		×	×	×		×
Dornfelder	r	21,63			×			×	×	×	×	×	×	×	×	×		×			×	×	
Dunkelfelder	r	23,10			×			×	×	×	×	×	×	×	×			×			×	×	
Ederena	r	0,02			×																		
Egiodola	r	0,09			×																		
Elbling	w	0,73		×				×	×	×		×						×			×	×	×
Excelsior	w	0,28			×			×															
Eyholzer Roter	r	0,21	×																	×			
Findling	w	1,04			×									×									
Fleurtai	w	0,08			×																		
Freisa	r	0,11			×					×													
Friulano	w	0,03			×																		
Freisamer	w	5,02			×			×	×		×		×		×			×			×	×	×
Fumin	r	0,05			×															×			
Galotta	r	34,59	×			×		×		×			×	×		×		×		×	×		
Gamarello (MRAC 1099)	r	0,20	×			×																	
Gamaret	r	425,19	×			×		×	×	×	×	×	×	×	×	×	×	×	×	×	×	×	×
Gamay	r	1349,12		×							×	×	×	×						×	×	×	×
Garanoir	r	224,80	×			×		×	×	×	×	×	×	×	×	×	×	×	×	×	×	×	×
Garganega	w	0,01			×																	×	
Goldwin (Gf-Ga 48-12)	w	1,05			×																		
Goron de Bovernier	r	0,21	×																				
Gouais Blanc	w	0,70		×																×	×		×

Rebsorten (einheimische fettgedruckt)	Farbe	Fläche (ha)	Einheimische	Traditionelle	Allogene	Kreuzungen	Hybriden	Appenzell Ausserrhoden, Appenzell Innerrhoden, Glarus, St. Gallen und Schaffhausen	Aargau	Basel-Landschaft, Basel-Stadt, Solothurn	Bielerseeregion	Thunerseeregion	Freiburg	Genf	Graubünden	Luzern	Neuenburg	Schwyz	Tessin	Wallis	Waadt	Zürich	Andere Kantone
Grenache	r	1,04			×									×								×	
Gros Bourgogne	w	0,75	×																	×			
Grosse Arvine	w	0,05	×																				
Grüner Veltliner	w	0,84			×										×	×						×	
Helios	w	0,23			×																	×	
Himbertscha	w	0,23	×																	×			
Hitzkircher	r	<0,01	×																				
Humagne	w	28,97	×																	×	×		×
IRAC 1933	r	0,03	×				×																
IRAC 2060	w	0,16	×				×								×								
Isabella	r	1,39		×																			
Jaén Negro	r	0,04			×																		
Johanniter	w	18,64			×			×	×	×	×		×	×	×	×		×	×	×	×	×	
Kalina	w	0,39	×				×		×													×	
Katawaba	r	0,36			×																		
Kerner	w	23,67			×			×	×	×	×		×	×	×	×			×		×	×	×
Kernling	w	1,47			×																	×	
Königliche Esther	r	<0,01			×																		
Lafnetscha	w	1,54	×																	×	×		×
Landal	r	?			×		×																
Léon Millot	r	7,76			×									×									
Liliorila	w	0,08			×																		
Lilla	w	<0,01			×																		
Madera	r	0,08	×				×																
Magliasina	r	0,02	×				×																
Malbec	r	14,95			×			×	×	×	×		×	×	×	×					×	×	×
Mara	r	9,88	×			×				×	×	×	×	×	×	×					×		
Maréchal Foch	r	13,56			×			×	×	×	×	×			×	×					×	×	×
Marsanne	w	47,61		×																×	×		×
Marselan	r	1,68			×									×									
Marzemino	r	<0,01			×																		
Melon (Muscadet)	w	0,05			×										×								
Mennas	w	0,23	×			×																	
Merello (MRAC 1087)	r	0,18	×			×																	
Merlot	r	1124,37		×				×	×	×	×		×	×	×	×			×	×	×	×	×
Merlotin	r	<0,01	×				×																

Rebsorten (einheimische fettgedruckt)	Farbe	Fläche (ha)	Einheimische	Traditionelle	Allogene	Kreuzungen	Hybriden	Appenzell Ausserrhoden, Appenzell Innerrhoden, Glarus, St. Gallen und Schaffhausen	Aargau	Basel-Landschaft, Basel-Stadt, Solothurn	Bielerseeregion	Thunerseeregion	Freiburg	Genf	Graubünden	Luzern	Neuenburg	Schwyz	Tessin	Wallis	Waadt	Zürich	Andere Kantone
Millot-Foch	r	0,44	×				×	×		×	×	×			×	×				×	×	×	×
Monarch	r	1,61			×											×						×	
Mondeuse Blanche	w	3,18			×																		
Mondeuse Noire	r	1,62		×										×						×	×		
Moscato d'Amburgo	r	<0,01			×																		
Moscato Giallo	r	0,03		×																×			
Mourvèdre	r	0,07			×																		
Müller-Thurgau	w	464,12			×			×		×	×	×	×	×	×	×	×	×	×	×	×	×	×
Muscadine	w	0,10			×				×														
Muscaris	w	4,22			×			×							×	×						×	
Muscat Blanc à Petits Grains	w	35,60		×					×		×	×	×	×						×	×		
Muscat Bleu	r	2,65	×				×	×	×	×						×						×	
Muscat Morio	w	0,06			×				×														
Muscat Ottonel	w	5,32			×													×			×		
Muscat (Muskateller)	w	6,86			×																		
Muscatin	w	0,14			×			×															
Muskat Oliver	w	6,90			×			×	×	×						×		×				×	
Muskat-Trollinger	r	0,01			×																	×	
Nebbiolo	r	1,70			×			×							×								
Nero	r	0,05			×																		
Nerolo (MRAC 1817)	r	0,12	×			×																	
Noah	w	0,01		×																			
Nobling	w	0,47			×					×	×										×		
Olivette de Laconnex	w	0,01			×																		
Ontario	w	0,01			×																		
Orion	w	<0,01			×			×															
Ortega	w	0,15			×					×													
Passerina	w	<0,01			×																		
Persan	r	0,24			×																		
Petit Verdot	r	1,80			×														×			×	
Phoenix	w	0,13			×																		
Pinorico	r	0,32	×				×															×	
Pinot Blanc (Weißburgunder, Pinot Bianco)	w	111,23		×				×	×	×	×		×	×	×	×	×		×	×	×	×	×
Pinot Gris (Malvoisie, Grauburgunder, Pinot Grigio, Ruländer)	w	229,69		×				×	×	×	×	×	×	×	×	×	×	×	×	×	×	×	×

Rebsorten (einheimische fettgedruckt)	Farbe	Fläche (ha)	Einheimische	Traditionelle	Allogene	Kreuzungen	Hybriden	Appenzell Ausserrhoden, Appenzell Innerrhoden, Glarus, St. Gallen und Schaffhausen	Aargau	Basel-Landschaft, Basel-Stadt, Solothurn	Bielerseeregion	Thunerseeregion	Freiburg	Genf	Graubünden	Luzern	Neuenburg	Schwyz	Tessin	Wallis	Waadt	Zürich	Andere Kantone
Pinot Meunier	r	0,11			×						×				×								
Pinot Noir (Blauburgunder, Clevner, Pinot Nero, Servagnin)	r	4208,51		×				×	×	×	×	×	×	×	×	×	×	×	×	×	×	×	×
Pinot Précoce (Frühburgunder)	r	1,02		×					×														
Pinotage	r	1,32			×											×						×	
Pinotin	r	0,16	×				×											×				×	
Piroso	r	0,21			×																		
Plantet	r	0,21			×			×						×							×		×
Prior	r	1,20			×					×	×					×						×	
RAC 3209	r	<0,01	×			×																×	
Räuschling	w	22,83	×					×	×	×					×			×			×	×	×
Rebo	r	0,20			×																		
Refosco dal Peduncolo Rosso	r	0,13			×																		
Regent	r	38,11			×			×	×	×	×	×	×		×	×		×		×	×	×	×
Reichensteiner	w	0,27			×					×	×												
Réselle	w	1,09	×				×	×			×												
Resi (Rèze)	w	2,54	×																	×	×		×
Riesel	w	<0,01	×				×																
Riesling	w	16,75		×				×	×	×	×		×	×	×	×		×		×	×	×	×
Rondo	r	0,78			×				×														
Roter Milan	r	0,17			×																		
Roter Muskateller	r	0,06			×																	×	
Rouge de Fully	r	0,65	×																	×			
Rouge du Pays	r	135,66	×											×						×	×		×
Roussanne	w	3,07			×															×	×		×
Rudelin	w	<0,01			×			×															
Sangiovese	r	0,13			×																		
Saphira	w	0,49			×			×															
Sauvignon Blanc (Sauvignon Bianco)	w	169,72			×			×	×	×	×	×	×	×	×	×	×	×	×	×	×	×	×
Sauvignon Gris	w	7,50			×						×		×	×							×		
Sauvignon-Soyhières	w	3,24	×				×			×		×			×							×	
Sauvignonasse	w	0,24			×																		
Savagnin Blanc	w	126,89		×									×	×						×	×	×	×

Rebsorten (einheimische fettgedruckt)	Farbe	Fläche (ha)	Einheimische	Traditionelle	Allogene	Kreuzungen	Hybriden	Appenzell Ausserrhoden, Appenzell Innerrhoden, Glarus, St. Gallen und Schaffhausen	Aargau	Basel-Landschaft, Basel-Stadt, Solothurn	Bielerseeregion	Thunerseeregion	Freiburg	Genf	Graubünden	Luzern	Neuenburg	Schwyz	Tessin	Wallis	Waadt	Zürich	Andere Kantone
Savagnin Rose Aromatique (Gewürztraminer)	w	50,89		×				×	×	×	×	×	×	×	×	×	×			×	×	×	×
Scheurebe	w	6,75			×				×					×	×	×		×				×	
Schiava Grossa	r	<0,01			×					×													
Schwarzer Erlenbacher	r	<0,01	×																				
Schwarzriesling	r	0,06			×																		
Seibel	r	1,02			×			×															
Sémillon	w	4,00			×			×	×					×					×	×	×		×
Seyval Blanc	w	8,06			×			×		×	×	×	×		×	×		×			×	×	×
Seyve Villard 10271	r	?			×		×																
Siegerrebe	w	0,12			×																		
Silvaner	w	250,23		×							×		×	×		×				×	×		×
Siramé	r	0,34	×				×						×									×	
Solaris	w	19,61			×			×	×	×	×	×	×			×		×		×	×	×	
Soreli	w	0,08			×																		
Souvignier Gris	w	2,99			×			×		×						×							
St. Laurent	r	2,48			×			×	×	×	×		×		×	×						×	
Syrah	r	193,56			×			×	×	×	×		×	×					×	×	×	×	×
Tannat	r	0,07			×															×			
Tedi's Best	r	0,08			×																		
Teinturier	r	0,02			×																		
Tempranillo	r	0,24			×																	×	
Tinta Barocca	r	0,04			×																		
Tinta Cão	r	0,04			×																		
Touriga Nacional	r	0,31			×																		
Triomphe d'Alsace	r	0,14			×																		
Trousseau	r	0,27			×																×		
UD-31.103	r	0,09			×																		
UD-31.120	r	0,09			×																		
UD-31.125	r	0,19			×																		
UD-32.078	r	0,09			×																		
VB 91-26-17	r	0,01	×				×																
VB 91-26-25	r	0,76	×				×																
VB 91-26-26	r	0,33	×				×																
VB 91-26-27	r	0,27	×				×																

Rebsorten (einheimische fettgedruckt)	Farbe	Fläche (ha)	Einheimische	Traditionelle	Allogene	Kreuzungen	Hybriden	Appenzell Ausserrhoden, Appenzell Innerrhoden, Glarus, St. Gallen und Schaffhausen	Aargau	Basel-Landschaft, Basel-Stadt, Solothurn	Bielerseeregion	Thunerseeregion	Freiburg	Genf	Graubünden	Luzern	Neuenburg	Schwyz	Tessin	Wallis	Waadt	Zürich	Andere Kantone
VB 91-26-29	r	0,05	×				×																
VB CAL 1-14	r	0,05	×				×																
VB CAL 1-15	r	0,09	×				×																
VB CAL 1-20	r	0,45	×				×				×												
VB CAL 1-22	r	0,35	×				×																
VB CAL 1-28	r	1,69	×				×			×					×							×	
VB CAL 1-29	r	0,01	×				×																
VB CAL 1-31	r	0,06	×				×																
VB CAL 1-33	r	0,01	×				×																
VB CAL 1-36	r	1,33	×				×			×													
VB CAL 6-04	w	2,09	×				×																
VB CAL 6-04 N5	w	0,40	×				×			×													
VB Jura 25	r	0,05	×				×																
Vernatsch/Blauer Trollinger	r	0,06		×																			
Vidal Blanc	w	0,96		×					×													×	
Viognier	w	44,48		×							×		×	×	×	×	×		×	×	×	×	×
Würzer	w	0,33		×																		×	
Zalagyöngye	w	0,02		×								×											
Zinfandel	r	0,55		×																			
Zweigelt	r	18,82		×				×	×	×	×	×	×		×	×		×				×	
Direktträgerhybriden		12,84		×					×	×												×	
Insgesamt 252 (ohne Direktträger-hybriden und Test-rebsorten)		**14792,80**	**80**	**23**	**152**	**16**	**45**	**60**	**56**	**62**	**58**	**27**	**45**	**49**	**52**	**48**	**12**	**31**	**24**	**57**	**66**	**85**	**52**

Das vorliegende Buch soll alle ursprünglichen Rebsorten der Schweiz von den mittelalterlichen Sorten bis zu den neuen, krankheitsresistenten Hybriden erfassen und ihren Ursprung anhand einer historischen Herangehensweise sowie der Rekonstruktion der Stammbäume aufgrund von DNA-Tests aufdecken.

Was ist eine Rebsorte?

Diese einfache Frage erfordert eine durchdachte Antwort. Tatsächlich ziehen es viele Fachleute in Betracht, dass zum Beispiel Pinot Noir, Pinot Gris und Pinot Blanc drei unterschiedliche Rebsorten sein können, obwohl der Ampelograf und der Genetiker sie als gleiche Rebsorte ansehen. Warum ist das so? Die Antwort darauf kann durch das Stellen einer weiteren Frage erörtert werden.

Wie entsteht eine Rebsorte?

Alle Rebsorten der Welt sind auf die gleiche Weise entstanden. Am Anfang jeder neuen Rebsorte steht ein einziger Traubenkern, der aus der Befruchtung des Blütenstempels der Mutter durch den Pollen des Vaters entstand. Wird die Beere, die den Kern enthält, nicht geerntet, kann sie von einem Vogel gefressen und an einem anderen Ort über den Darm ausgeschieden werden, wo sie wieder auf dem Boden landet und der Kern inmitten des Weinbergs keimen kann. Bis zum Ende des 19. Jahrhunderts wurden die Reben oft massenweise unter Vermischung mehrerer Rebsorten ohne eine richtige Anordnung gepflanzt. So kann ein Keimling, der aus einem Kern stammt, zwischen seinen Eltern wachsen, ohne zwangsweise herausgerissen zu werden. Dies war seit Anfang des 20. Jahrhunderts nicht mehr der Fall; damals wurde damit begonnen, sortenreine Weinberge mit parallelen Reihen zu erschaffen.

Ab einem Alter von etwa drei Jahren ist die Pflanze in der Lage, die ersten Früchte zu tragen. Wenn es von Interesse war, entschied sich der aufmerksame Winzer dazu, seinen Rebstock durch Setzen von Stecklingen (Teile einer Ursprungspflanze mit Knospen) oder Ablegern (Vergraben eines Triebs, der noch mit der Ursprungspflanze verbunden ist) zu vervielfachen, um die Eigenschaften der Sorte zu bewahren. Wenn er nämlich einen Kern säte, erzeugte dieser automatisch eine neue Rebsorte, da der Kern aus einer Befruchtung stammt, auch wenn sich die Rebsorte selbst befruchtet hat. Auf diese Weise sind alle historischen Rebsorten entstanden, bevor der Mensch begonnen hat, ab Mitte des 18. Jahrhunderts Kreuzungen von Hand zu erschaffen.

Klone

Bei der Vermehrung durch Stecklinge oder Ableger erfährt die Pflanze fast keine genetische Veränderung. Jedoch entstehen im Laufe der Vervielfachung bei der DNA-Replikation an einzelnen Stellen kleine «Unfälle». Diese sind natürliche Mutationen, die etwa nach jeder 100 000. Zellteilung stattfinden. Für jede Weinrebe werden über 100 000 Teilungen benötigt, um eine erwachsene Pflanze zu erhalten. Somit ist jeder Rebstock zwangsweise Träger von Mutationen. Die Mehrheit von ihnen hat für das menschliche Auge keinen erkennbaren Effekt. Bestimmte Mutationen aber können eine drastische Wirkung zeigen, indem sie zum Beispiel die Traubengröße, die Reifezeit, die Form der Blätter, die Größe und die Farbe der Beeren verändern. Die dabei entstandenen Reben werden Klone oder Biotypen genannt. Aus diesem Grund betrachten der Genetiker und der Ampelograf Pinot Gris und Pinot Blanc nur als Farbabweichungen der Pinot Noir und nicht als neue Rebsorten, auch wenn die Weine sehr unterschiedlich sind. Bei den ältesten und meistverbreiteten Rebsorten konnten sich zahlreiche Mutationen mit jeweils einer großen Anzahl vermehrter Pflanzen entwickeln. Daher gilt die Regel: Je größer die klonale Variabilität einer Rebsorte ist, wie bei Pinot oder Chasselas, desto älter ist sie.

Definition «Rebsorte»

Wir kommen nun zu der strengen Definition des Begriffes «Rebsorte»: Es handelt sich dabei um die Gesamtheit aller Klone, die sich durch vegetative Vermehrung von einer einzigen Ursprungspflanze abgegrenzt haben. Dabei stammt die Ursprungspflanze selbst aus einem einzigen Kern, der aus zwei Elternrebsorten entstanden ist.

Klonzüchtung

Seit 1923 verfügt die Landwirtschaftliche Forschungsanstalt Agroscope über ein Programm zur Selektion der besten Klone der wichtigsten Rebsorten, die in der Schweiz angebaut werden (Chasselas, Pinot Noir, Gamay usw.). Diese Klonzüchtung wird oft als Abbau der biologischen Vielfalt verstanden. Auch wenn dies früher tatsächlich der Fall war, als nur ein oder zwei Klone der gleichen, vorzugsweise sehr ertragreichen Rebsorte den Winzern durch Pflanzenzüchter zur Verfügung gestellt wurden, so hat sich die Situation heute doch wesentlich geändert. Die Klonzüchtung, die von Agroscope durchgeführt wird, hat nämlich das ursprüngliche Ziel, die vorhandene biologische Vielfalt im Inneren einer Rebsorte zu schützen und zu bewahren. Auf diese Weise wurden von Chasselas in der Sammlung des Forschungszentrums von Pully über 300 Klone gesammelt. Sie sind das Resultat einer fast hundertjährigen Erkundung, die in den alten Weinbergen aus der Zeit vor der Klonzüchtung durchgeführt wurde. Bereits 1992 hat Agroscope in Zusammenarbeit mit dem kantonalen Weinbauamt des Wallis und der Vereinigung der Walliser Rebschuler ein vorausschauendes Erhaltungsprogramm der genetischen Vielfalt der traditionellen und einheimischen Rebsorten des Wallis eingerichtet.

Alle Bemühungen zum Erhalt der klonalen Biodiversität der traditionellen und einheimischen Rebsorten, die in der Schweiz angebaut werden, haben es bis zum jetzigen Zeitpunkt ermöglicht, im Forschungszentrum von Agroscope über 1 800 Hauptklone von 24 Rebsorten zu vereinen, die nach den virologischen Tests zum Ausschluss von Trägerkandidaten schwerer Viren (Reisigkrankheit, Blattrollkrankheit und andere) angelegt wurden. Diese Sammlung ermöglicht die Selektion potenziell interessanter Kandidaten für Versuche, bei denen ihre landwirtschaftlichen und önologischen Fähigkeiten im Vergleich mit den Referenzklonen ausführlich studiert werden. Dieser Vorgang hat es bisher ermöglicht, 55 Klone von 32 Rebsorten und 2 Unterlagsreben, die entsprechend der Schweizer Zertifizierung verbreitet wurden, amtlich anzuerkennen. In den nächsten 10 Jahren sollen über 80 traditionelle und einheimische Rebsorten der Schweizer zur Verfügung gestellt und eine große Bandbreite angeboten werden, die weiter zur

Verbesserung des Potenzials unserer Rebsorten beiträgt. So zählt man zum Beispiel insgesamt 109 Klone oder Biotypen für Arvine; davon wurden 6 von Rebschulern ausgewählt und vermischt, um die biologische Vielfalt in den Weinbergen zu erhalten.

Das gleichzeitige Pflanzen mehrerer Klone mit ergänzenden Eigenschaften ermöglicht eine optimale Anpassung an die Bedingungen des Kultivierungsortes und gegebenenfalls sogar eine gesteigerte Komplexität der Weine.

Die Schreibweise der Rebsortennamen in diesem Buch

Gemäß dem Internationalen Code der Nomenklatur der Kulturpflanzen (ICNCP) werden die Namen der Rebsorten in einfache Anführungszeichen gesetzt und beginnen mit einem Großbuchstaben – außer bei nebenordnenden Konjunktionen wie zum Beispiel in ‹Rouge du Pays›. Um die Lesbarkeit dieses Buches, das zahlreiche Rebsortennamen enthält, nicht zu erschweren, erlaube ich mir, die einfachen Anführungszeichen wegzulassen.

Die Sammlungen der Rebsorten

Um eine Rebsorte zu erhalten, ist es unumgänglich, mindestens eine Pflanze am Wachstum zu halten. Es ist nämlich nicht möglich, eine Rebsorte allein durch die Kerne zu bewahren, da jeder von ihnen eine neue Generation bildet und man so die Identität der Rebsorte verlieren würde. Daher gibt es in der Schweiz mehrere Sammlungen, die einen bis zehn Rebstöcke einer Rebsorte oder eines bestimmten Klons am Leben erhalten, was mit einem beträchtlichen Aufwand verbunden ist. Die Älteste und Wichtigste von ihnen ist die nationale Sammlung der Landwirtschaftlichen Forschungsanstalt Agroscope im Forschungszentrum in Pully: Sie wurde 1916 begründet und enthält mehr als 3500 Pflanzen, die über 600 verschiedene Rebsorten oder Klone der ganzen Welt repräsentieren. Diese Sammlung gilt als Referenz des Netzwerkes der Schweizerischen Kommission für die Erhaltung von Kulturpflanzen (SKEK), das sich um den Schutz einheimischer und historischer Sorten bemüht. Die Sammlung wird verwendet, um Rebsorten zu erkennen, alte, vom Aussterben bedrohte Sorten vor allem auf Schweizer Ebene zu erhalten und um genetisches Material für die Programme zur Verbesserung der Sorten (Neuzüchtungen) zu gewinnen. Sie wird durch andere öffentliche oder private Sammlungen (im Tessin, in St. Gallen und Zürich) vervollständigt, die alle seit 1999 in einem nationalen Netzwerk (Nationaler Aktionsplan zur Erhaltung und nachhaltigen Nutzung der pflanzengenetischen Ressourcen für Ernährung und Landwirtschaft, kurz NAP-PGREL) verbunden sind. Die gewonnenen Daten sind unter dem Link www.bdn.ch verfügbar.

Die Bestimmung der Rebsorten

Ampelografie

Die Ampelografie (von griechisch *ampelos* = Weinstock und *grapheîn* = (be-)schreiben) ist die Lehre von der Beschreibung des Weinstocks und der Rebsorten; sie wird hauptsächlich durch die Form der Blätter, aber auch der Trauben oder der Stängel vorgenommen. Diese grundlegende Wissenschaft erfordert ein großes Wissen und eine konstante Ausübung. Auch wenn die Mehrheit der Rebsorten durch diese Methode voneinander unterschieden werden kann, kann es allerdings sein, dass sehr nah verwandte Rebsorten schwer voneinander zu unterscheiden sind (zum Beispiel wurde Chardonnay lange Zeit mit Pinot Blanc verwechselt). Außerdem hängt die Bestimmung einer Rebsorte von ihrem Entwicklungsstadium ab. Tatsächlich kann niemand eine Rebsorte anhand der Form des Keimlings erkennen, und die Ampelografie muss gelegentlich abwarten, bis sich die Trauben und Beeren herausgebildet haben, um die Rebsorte zu bestimmen. Letztlich kann sich bei 5 000 bis 10 000 Rebsorten weltweit kein Ampelograf damit brüsten, all diese visuell voneinander unterscheiden zu können. Der DNA-Test trägt somit einen wesentlichen Teil zur klassischen Ampelografie bei und ermöglicht es häufig, deren Grenzen zu überwinden.

Der DNA-Test

Sir Alec Jeffreys aus Großbritannien hat im Jahr 1985 ein einzigartiges genetisches Profil entwickelt, den sogenannten genetischen Fingerabdruck, der für jeden Menschen ermittelt werden kann. Im Jahr 1993 wurde dieses Konzept von einem australischen Team weiterentwickelt, um die jeweilige Rebsorte zu erkennen. Die Methode besteht darin, die Größe der DNA in den bestimmten Regionen, «Mikrosatelliten» genannt, zu messen. Für jede Rebsorte sind zwei Messungen in jeder Region möglich, da die Chromosomen immer paarweise auftreten. Nach der Analyse von sechs bis zwölf Mikrosatelliten erhält man ein einzigartiges genetisches Profil für jede Rebsorte. Im Vergleich zu einer Referenzdatenbank kann man auf diese Weise eine Rebsorte statistisch zweifelsfrei bestimmen. Für die wichtigsten Rebsorten, die in der Schweiz angebaut werden, sind die Referenzprofile in der *Swiss Vitis Microsatellite Database* (www1.unine.ch/svmd), die ich im Jahr 2006 erstellt habe, sowie in der Nationalen Datenbank (www.bdn.ch), an der ich mitgearbeitet habe, angegeben. Es ist noch nicht möglich, Klone der gleichen Rebsorte mit dem DNA-Test zu erkennen. Ebenso ist es noch nicht möglich, die Rebsorte oder Rebsorten, die einen fertigen Wein ergeben, zu erkennen (bei Most ist es hingegen möglich).

Der Vaterschaftstest

Der DNA-Test ermöglicht es nicht nur, eine Rebsorte zweifelsfrei zu erkennen, sondern auch, die Verwandtschaft zwischen den Rebsorten zu rekonstruieren. Die Vererbungsgesetze besagen nämlich, dass jedes Individuum (Rebsorte, Mensch) die Hälfte seiner DNA vom Vater und die andere Hälfte von der Mutter erhält. Daher kann man den Stammbaum einer Rebsorte rekonstruieren, sofern die Vorfahren nicht verschwunden sind. Dazu müssen 30 bis 50 Regionen der DNA (Mikrosatelliten) analysiert und Wahrscheinlichkeitsrechnungen durchgeführt werden.

Die Klassifizierung der Schweizer Rebsorten

Für das vorliegende Werk schlage ich vor, die einheimischen Rebsorten der Schweiz in drei Kategorien einzuteilen:

1. Ursprüngliche Rebsorten
2. Kreuzungen
3. Hybriden

Die Rebsorten jeder Kategorie werden in drei Kapiteln in alphabetischer Reihenfolge vorgestellt.

Das Weinbaugebiet der Schweiz

- Wallis
- Waadt
- Genf
- Drei-Seen-Gebiet
- Deutschschweiz
- Tessin

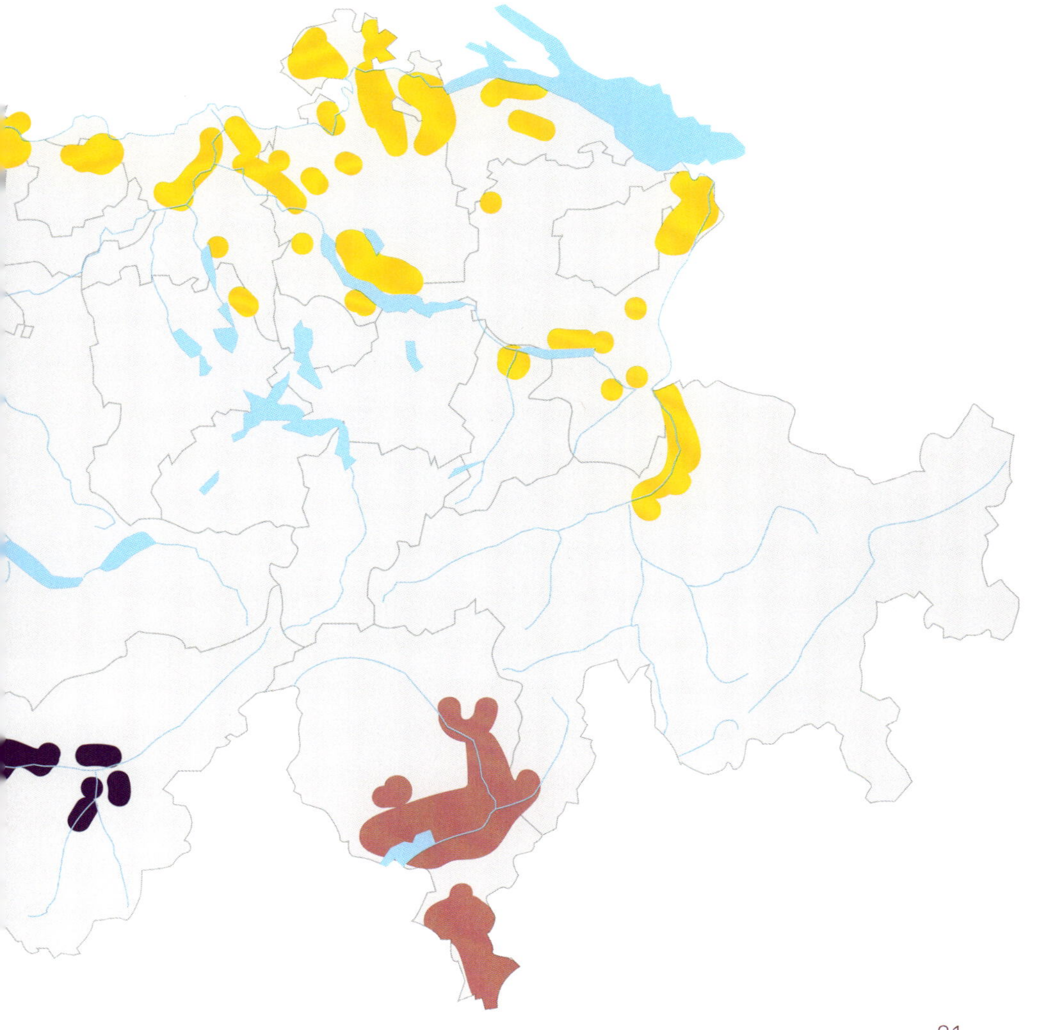

Humagne Gris

(Farbmutation der Cornalin, im Wallis Humagne Rouge genannt)

KAPITEL 1

URSPRÜNGLICHE REBSORTEN

Die Kategorie der ursprünglichen Rebsorten besteht aus einheimischen Sorten, welche aus spontanen Kreuzungen stammen, die auf natürliche Weise in den Weinbergen entstanden sind und durch die alten Winzer aufgrund ihrer Erfahrung ausgewählt wurden. Sie stellen das ampelografische, altüberlieferte Erbe der Schweiz dar. Tabelle 2 listet in chronologischer Reihenfolge die schriftlichen Nennungen der Rebsorten auf.

Anmerkung: Trotz ihrer nachgewiesenen entfernten, ausländischen Ursprünge werden Cornalin (Humagne Rouge), Gros Bourgogne, Humagne, Räuschling, Rouge de Fully (Durize) und Rouge du Pays (Cornalin) zu den ursprünglichen Rebsorten gezählt, da sie in ihrer Ursprungsregion (fast) verschwunden sind.

Tabelle 2: Schriftliche Nennungen der ursprünglichen Rebsorten in chronologischer Reihenfolge.

Jahr	Rebsorte	Ort	Kanton
1313	Rèze	Lens/Siders	VS
1313	Humagne	Lens/Siders	VS
1321	Completer	Malans	GR
1586	Gros Bourgogne	Visp	VS
1602	Arvine	Sitten	VS
1612	Chasselas	Lausanne	VD
1615	Rouge de Fully	Fully	VS
1627	Lafnetscha	Raron	VS
1654	Diolle	Conthey	VS
1686	Amigne	Sitten/Siders	VS
1759	Räuschling	Schaffhausen	SH
1770	Himbertscha	Oberwallis	VS
1785	Bondola	Tessin	TI
1812	Grosse Arvine	Riddes	VS
1820	Schwarzer Erlenbacher	Luzern	LU
1827	Goron de Bovernier	Bovernier	VS
1846	Hitzkircher	Aargau	AG
1878	Rouge du Pays (Cornalin)	Wallis	VS
1900	Cornalin (Humagne Rouge)	Fully	VS
1982	Eyholzer Roter	Eyholz	VS
1989	Bondoletta	Sopraceneri	TI

Die Entwicklung des Rebsortenbestands

In der Römerzeit

Es wird häufig erwähnt, dass die Römer mehrere alte Rebsorten in der Schweiz eingeführt hätten, vor allem in das Wallis: Bei Amigne könnte es sich um *Vitis aminea* handeln, bei Arvine um *Vinum helvinum*, bei Rèze um *Uva raetica* und bei Humagne um *Vinum humanum*. Diese Legenden beruhen jedoch auf keiner Grundlage: Mehrere dieser Namen wurden zur Zeit der Römer gar nicht erwähnt und es wird davon ausgegangen, dass die lateinischen Autoren nicht über den modernen Begriff der Rebsorte verfügten. Sie haben sicherlich mehrere Rebsorten, die durch gemeinsame Merkmale oder die gleiche geografische Herkunft miteinander verbunden waren, unter dem gleichen Namen zusammengefasst. Es ist daher unmöglich, den Rebsortenbestand der Schweiz auf die Römerzeit zurückzuführen. Die restliche DNA-Analyse der Kerne und Weintrauben, die in den Ausgrabungsstätten gefunden wurden (zum Beispiel in Saint-Blaise/Neuenburg oder Gamsen Waldmatte bei Brig/Wallis), könnten eines Tages zu einer erneuten Klärung dieser Frage führen.

Von der Römerzeit bis zum Jahr 1000

Wenn es von nun an als festgelegt gilt, dass die Weinrebe bereits vor der Ankunft der Römer in der Schweiz angebaut wurde, so wissen wir hingegen nichts über die Rebsorten, die vor der Zeit des Hochmittelalters in den Weinbergen angepflanzt wurden. Die Migrationsbewegungen haben gewiss mit sich gebracht, dass diverse Rebsorten eingeführt wurden, gefolgt von einem vorübergehenden Stillstand der Weinkultur. Durch eine Vermischung der ursprünglichen Rebsorten und ihrer natürlichen Nachkommen wurden die Weinberge neu gebildet. Somit sind die alten Schweizer Rebsorten ohne Zweifel entfernte Verwandte der vor, während oder nach der Römerzeit eingeführten Rebsorten.

Vom Jahr 1000 bis zum 15. Jahrhundert

Es gibt nur sehr wenige Schriftstücke, welche die Namen der Rebsorten vor dem Ende des Mittelalters angeben. Dies bedeutet aber nicht, dass die Winzer keine Namen für ihre Rebsorten hatten; man hielt es schlichtweg nicht für nötig, diese in offiziellen Schriftstücken festzuhalten. Unter diesen seltenen Vorkommen findet man im 13. Jahrhundert in Twann/Bern die Nennung «Elseser» oder «Traube des Elsass», die möglicherweise Elbling oder Gouais Blanc entspricht; im Jahr 1313 findet man im Wallis Humagne, Rèze und eine andere Rebsorte (vielleicht Rouge de Pays) im berühmten «Registre d'Anniviers» und im Jahr 1321 die Completer in den Archiven des Domkapitels von Chur.

Vom 16. bis zum 18. Jahrhundert

Im 16. Jahrhundert werden nur vier neue Rebsorten erwähnt: Muscat im Jahr 1536, Gouais Blanc (unter dem Namen Gwäss) und Blantschier (vermutlich Gros Bourgogne) im Jahr 1540 sowie Savagnin Blanc (unter dem Namen Heyda) im Jahr 1586 – alle waren aus Frankreich, Italien oder aus anderen Orten in Europa eingeführt worden. Im 17. Jahrhundert tauchen, immer noch im Wallis, mehrere Rebsorten auf, dieses Mal einheimische: Arvine im Jahr 1602, gefolgt von Rouge de Fully (oder Durize) im Jahr 1615, Lafnetscha im Jahr 1627, Diolle im Jahr 1654 und Amigne im Jahr 1686. Im Kanton Waadt wird im Jahr 1612 auch das erste Mal der Name Fendant Blanc erwähnt – ein Name, der später im Wallis übernommen wurde. Gouais Blanc taucht im Jahr 1639 erneut auf, nun im Kanton Bern (Thunersee und Spiez). Im 18. Jahrhundert wird die gleiche Gouais Blanc im Kanton Waadt erwähnt (um 1750), in Neuenburg gelegentlich unter dem Synonym Aussard (1755) sowie in Genf – das zeugt von ihrer alten, großflächigen Verbreitung. Räuschling, die zuvor in Deutschland erwähnt wurde, erscheint in der Schweiz erst im Jahr 1759 im Kanton Schaffhausen. Im Oberwallis wird Himbertscha im Jahr 1770 erwähnt. Pinot Noir erscheint unter ihrem lokalen Namen in Cortaillod im Jahr 1766 im Kanton Neuenburg, wo sie auch Técou genannt wird, und ihm Jahr 1775 im Waadtland. Im Jahr 1785 tritt Bondola im Tessin auf. Die Gros Rouge, die vermutlich der Mondeuse Noire de Savoie entsprach, war eine der am weitesten verbreiteten roten Rebsorten des Genferseeraums im 18. und 19. Jahrhundert.

Vom 19. bis zum 21. Jahrhundert

Im Wallis findet man ab dem 19. Jahrhundert drei Rebsorten: Grosse Arvine (1812), Goron de Bovernier (1827) und Rouge du Pays (1878). Im Kanton Luzern erscheint Schwarzer Erlenbacher (1820) und im Kanton Aargau Hitzkircher (1846). Auch wenn die Mehrheit der Rebsorten, die vor 1850 in der Schweiz angebaut wurden (Abbildung 1), immer noch vorhanden ist, so ist doch ihr Anteil an der Gesamtheit drastisch zurückgegangen.

Tatsächlich hat das Aufkommen der drei Rebenkrankheiten den Rebsortenbestand vollkommen verändert: Der Echte Mehltau trat zuerst im Jahr 1851 auf, der Falsche Mehltau im Jahr 1886 und die Reblaus zunächst in Genf im Jahr 1871, dann auch in den anderen Kantonen (Neuenburg 1874, Waadt 1886, Tessin 1893 und Wallis 1906). Diese Plagen haben zahlreiche alte, einheimische Rebsorten zu Seltenheiten oder Reliquien gemacht. Vor allem hat das Auftauchen der Reblaus – eine ursprünglich nordamerikanische Blattlaus, die die Wurzeln der europäischen Rebe befällt und die Rebstöcke innerhalb von ein paar Jahren abtötet – zu der Notwendigkeit geführt, alle europäischen Rebstöcke auf amerikanische Unterlagen aufzupfropfen, welche auf natürliche Weise resistent gegenüber diesem Insekt sind. Die alten Rebsorten, die sich im Laufe der Jahrhunderte an die Klima- und Umweltbedingungen angepasst hatten, wurden durch ertragreichere und weniger für diese Krankheit anfällige Rebsorten ausgetauscht. Wenn man Chasselas ausschließt, nehmen daher die anderen

Abbildung 1: Die 27 in der Schweiz vor 1850 angebauten Rebsorten.

Abbildung 2: Die 21 ursprünglichen Rebsorten bedecken 29,77 Prozent der Schweizer Rebfläche. Wenn man jedoch Chasselas außen vor lässt, welche mit einer Fläche von 3 838,2 ha die meistverbreitete Weißweinrebsorte ist, decken die anderen 20 Rebsorten nur 565,79 ha ab, das sind 3,82 Prozent der gesamten Rebfläche des Landes. Von den 21 Rebsorten befinden sich zwei Drittel (14) im Wallis, wo sie 10,73 Prozent der Fläche des Kantons bedecken. Quelle für die Flächenangaben: Bundesamt für Landwirtschaft BLW: *Das Weinjahr 2015*, Bern 2015.

Anmerkung: Trotz ihrer nachgewiesenen fernen, ausländischen Ursprünge werden Cornalin, Gros Bourgogne, Humagne, Räuschling, Rouge de Fully und Rouge du Pays zu den einheimischen Rebsorten gezählt, da sie in ihrer ursprünglichen Region (praktisch) verschwunden sind.

20 ursprünglichen Rebsorten der Schweiz nur 3,82 Prozent der heutigen Fläche ein (Abbildung 2). Vor allem decken sie nur 10,73 Prozent der Fläche im Wallis ab, obwohl dieses die Region mit den meisten ursprünglichen Rebsorten der Schweiz ist.

Der heutige Rebsortenbestand der Schweiz wird weitestgehend von fünf Rebsorten dominiert (Abbildung 3), darunter befindet sich eine einheimische, Chasselas. Die anderen Sorten wurden in unterschiedlichen Zeiträumen eingeführt: Pinot Noir im 18. Jahrhundert, Gamay im 19. Jahrhundert und Müller-Thurgau im 20. Jahrhundert.

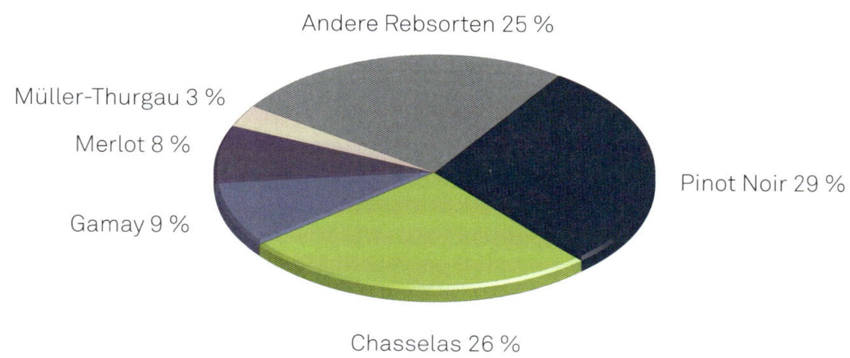

Abbildung 3: Flächenmäßig zu den fünf wichtigsten Rebsorten der Schweiz zählen heute Pinot (4 207,5 ha, ursprünglich aus Burgund/Frankreich), Chasselas (3 838,2 ha, ursprünglich aus dem Genferseeraum), Gamay (1 340,8 ha, ursprünglich aus Burgund/Frankreich), Merlot (1 124,4 ha, ursprünglich aus Gironde/Frankreich) und Müller-Thurgau (464,1 ha, ursprünglich aus Deutschland). Sie allein decken drei Viertel der Schweizer Rebfläche ab.

Die Porträts der Rebsorten

Jede ursprüngliche Rebsorte wird auf folgende Weise dargestellt:

Kurzbeschreibung
Beschreibung in einem kurzen Satz.

Hauptsynonyme
Bedeutende historische Namen und Synonyme, die häufig in der Schweiz verwendet werden.

Historisch-genetische Herkunft
Erste historische Erwähnungen und Erkenntnisse aus den DNA-Tests.

Etymologie
Die wahrscheinlichsten Hypothesen werden genannt.

Rebfläche in der Schweiz
Nennung nach *Das Weinjahr 2015*, veröffentlicht vom Bundesamt für Landwirtschaft BLW, Bern 2015.

Weine
Beschreibung des Weins, Produktionsgebiete und empfohlene Produzenten.

Zusätzlich zu der Beschreibung werden für jede Rebsorte ein Bild der Traube, eine geografische Karte mit dem vermutlichen Herkunftsort sowie der aktuellen Verbreitung sowie ein Stammbaum mit den direkten Verwandtschaftsverhältnissen ergänzt. Für die landwirtschaftlichen und ampelografischen Besonderheiten sowie die Charakteristika des Weins können die Leser das Werk *Rebsorten. Die wichtigsten in der Schweiz angebauten Rebsorten* von Philippe Dupraz und Jean-Laurent Spring heranziehen, das im Jahr 2010 von Agroscope/Hochschule für Technik Changins veröffentlicht wurde.

Amigne

Kurzbeschreibung
Seltene Rebsorte der Region Vétroz (Wallis), die trockene, liebliche oder auch Dessertweine ergibt.

Hauptsynonyme
Amigne Blanche.

Historisch-genetische Herkunft
Amigne ist im Wallis heimisch, wo sie traditionell zwischen Ardon und Siders angebaut wurde. Zum ersten Mal tauchte sie 1686 in Regrouillon auf, einem Weinberg zwischen Granges und Noës. Sie hat sich im Laufe vieler Jahre zu einer seltenen und typischen Rebsorte der Gemeinde Vétroz in der Nähe von Sitten entwickelt.

Die Legende, dass Amigne von den Römern ins Wallis importiert wurde, hat keinerlei Grundlage. Sie basiert auf der Bezeichnung *Vitis aminea* der römischen Schriftsteller (vor allem von Plinius dem Älteren und Columella), die unter diesem Namen mindestens acht verschiedenen Varianten beschrieben haben. Ich widerspreche dieser Behauptung strikt, und zwar aus zwei einfachen Gründen: 1) Es ist unmöglich, eine botanische Identität zwischen den vagen Beschreibungen lateinischer Schriftsteller und den modernen Rebsorten herzustellen. 2) Amigne teilt allerhöchstens die gleiche Etymologie mit den *Vitis aminea*.

Ich konnte die Eltern der Amigne mit dem DNA-Test nicht ausfindig machen. Sie ist somit eine verwaiste Rebsorte, da ihre alten Eltern vermutlich verschwunden sind. Dennoch konnte ich bestimmte genetische Verbindungen herausfinden: Amigne könnte möglicherweise eine Enkelin der Petit Meslier aus der Champagne und der Franche-Comté (Frankreich) sowie eine Urenkelin der Savagnin und der Gouais Blanc, beide aus dem Nordosten Frankreichs, sein. Die letzteren beiden Rebsorten wurden auch an anderen Orten im Wallis vor dem 16. Jahrhundert unter den Namen Heida und Gwäss angebaut. Es ist daher sehr gut möglich, dass einer oder beide verschwundenen Elternteile der Amigne aus dem Nordosten Frankreichs eingeführt wurden, möglicherweise zur gleichen Zeit wie ihre Urgroßeltern.

Etymologie
Es gibt zwei denkbare Hypothesen:

1) Von lat. *amoenus* = angenehm; dies wäre bezogen auf ihre Fähigkeit, süße Weine zu erzeugen.
2) Von dem Weinberg «La Migne» in Vétroz, der geschichtlich erwähnt wurde und heute möglicherweise Magnot, damals Megnes, entspricht. Aber was ist, wenn der Weinberg nicht nach der Rebsorte benannt wurde?

Rebfläche in der Schweiz
41,5 ha, fast ausschließlich im Wallis und mehrheitlich in Vétroz, wo sie 29 ha bedeckt (im Jahr 2015), also 70 % der weltweiten Rebfläche.

Amigne

Weine

Amigne ist ein Chamäleon unter den Rebsorten, da sie trockene, liebliche und süße Weine hervorbringt (im Wallis *flétris* oder *liquoreux* genannt). Der Zuckergehalt der Weine wird über eine ausschließlich für die Amigne von Vétroz verwendete Plakette angegeben, die entsprechend eine Biene (0–8 Gramm pro Liter), zwei Bienen (9–25 Gramm pro Liter) oder drei Bienen (> 25 Gramm pro Liter) anzeigt. Die trockenen oder lieblichen Weine haben Aromen von Lindenblütentee, Birne, Zitrus, weißem Pfeffer und einen feinen Tanningeschmack mit einer leichten Bitterkeit im Abgang. Ich empfehle zum Beispiel in Vétroz: Cave La Madeleine/André Fontannaz, Cave Les Ruinettes/Serge Roh, Cave du Vieux-Moulin/Romain Papilloud, Domaine Jean-René Germanier, Cave La Tine/Hervé Fontannaz, Provins, Les Celliers de Vétroz und Didier Joris (in Chamoson, aber

mit Reben in Vétroz). Die natursüßen Weine (*flétris*) zeichnen sich durch Aromen von Orangen- und Mandarinenschalen und getrockneten Aprikosen sowie eine gute, lang anhaltende Balance im Mund aus. Ich empfehle zum Beispiel die Cuvée Mitis des Weinguts Jean-René Germanier, den Amigne Grain Noble von Cave Les Ruinettes/Serge Roh und den Amigne Flétrie von Cave des Tilleuls/Fabienne Cottagnoud, alle in Vétroz zu finden.

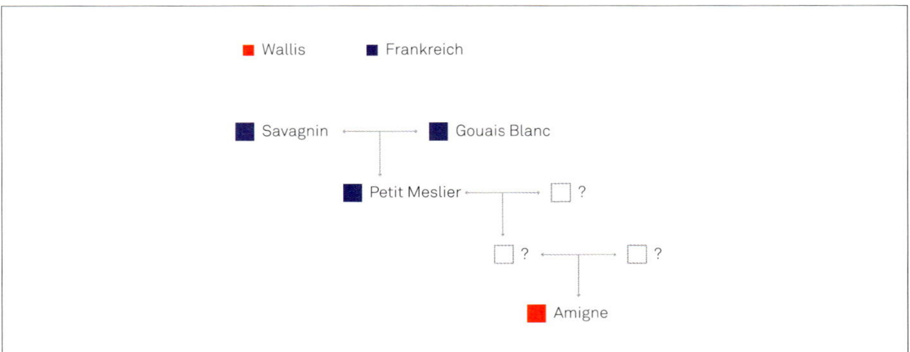

Amigne ist verwaist, aber der DNA-Test hat es ermöglicht, Petit Meslier aus der Franche-Comté als möglichen Großvater sowie Savagnin aus dem Jura und Gouais Blanc aus dem Nordosten Frankreichs (oder Südwesten Deutschlands) als mögliche Urgroßeltern zu identifizieren.

Herkunft
Verbreitung

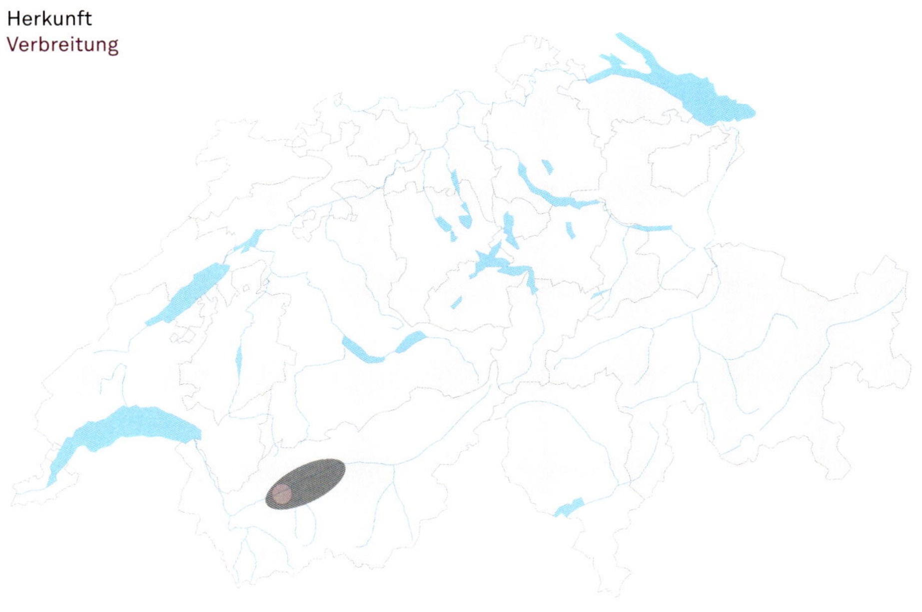

Arvine

Kurzbeschreibung
Arvine gilt unter den heimischen Rebsorten als Stolz der Walliser. Sie ergibt faszinierende, komplexe, sowohl trockene als auch liebliche Weine von internationalem Ansehen.

Hauptsynonyme
Petite Arvine.

Historisch-genetische Herkunft
Arvine ist im Wallis beheimatet, wo sie im Jahr 1602 das erste Mal als Sorte in einem Weinberg in Molignon in der Nähe von Sitten erwähnt wurde. Seit dem Ende des 19. Jahrhunderts wird sie oft Petite Arvine genannt, um sie von der Grosse Arvine zu unterscheiden.

Wie auch bei vielen anderen Rebsorten aus dem Wallis wurde oft behauptet, dass Arvine von den Römern eingeführt wurde. Sie habe ihren Namen von der Helvola, einer von Cato dem Älteren erwähnten Rebsorte. Ich widerspreche dieser Behauptung strikt, und zwar aus zwei einfachen Gründen: 1) Es ist unmöglich, eine botanische Identität zwischen den vagen Beschreibungen lateinischer Schriftsteller und den modernen Rebsorten herzustellen. 2) Die Helvola hatte schwarze Beeren.

Mit dem DNA-Test konnte ich ihre Eltern nicht ausfindig machen, somit ist Arvine eine Waise. Jedoch hat es mir der DNA-Test ermöglicht zu zeigen, dass Arvine sehr wahrscheinlich die Großmutter (oder Tante bzw. Halbschwester) der Grosse Arvine ist, was die häufige Verwechslung zwischen diesen Rebsorten erklärt. Eine entfernte Verwandtschaft mit den Rebsorten aus dem Aostatal, Savoyen und dem Nordosten Frankreichs konnte auch festgestellt werden.

Etymologie
Der Name Arvine kommt von dem Mundartlichen *arvena*, das vermutlich von dem lateinischen *advena* abgeleitet ist und «gerade angekommen» bedeutet. Den Namen hat diese Rebsorte vermutlich während ihrer Einführung oder ihrer Entstehung im Wallis erhalten. Diese Etymologie stärkt den Status einer einheimischen, verwaisten Rebsorte.

Rebfläche in der Schweiz
177,7 ha, davon befinden sich 99,7 % im Wallis.

Ampélographie
(Viala & Vermorel 1901–1910)

Arvine

Arvine

Weine

Arvine ist die typischste weiße Rebsorte des Wallis, wo sie zu komplexen, spritzigen Weinen mit Aromen von Zitrusfrüchten und Rhabarber verarbeitet wird. Die Weine haben eine üppige Struktur und einen charakteristischen Salzgeschmack im Abgang. Es fällt mir nicht leicht, unter den Produzenten der Arvine eine Auswahl zu treffen, jedoch möchte ich für die trockenen Weine (rhoneaufwärts) folgende Weingüter aufzählen: Cave Philippe et Veronyc Mettaz sowie Benoît Dorsaz in Fully, Cave Renaissance in Charrat, Cave Mandolé/Thétaz Noël & Fils, Cave Corbassière und Valentina Andrei in Saillon, Cave Gilbert Devayes in Leytron, Simon Maye & Fils in Saint-Pierre-de-Clages, Didier Joris sowie René Favre & Fils in Chamoson (dieser verfügt über die ältesten Arvine-Rebstöcke der Welt, die 1928 gepflanzt wurden), Varone Vins, Charles Bonvin & Fils und Provins in Sitten, Cave de l'Orpailleur/Frédéric Dumoulin in Uvrier, Domaine des Muses/ Robert Taramarcaz und Domaines Rouvinez in Siders. Bei den Süßweinen aus Trauben, die an der Rebe getrocknet wurden, sind Arvine Grain Noble oder Arvine Grain par Grain vom Domaine Marie-Thérèse Chappaz in Fully grandiose Weine, die für mich zu den besten der Welt, aber auch zu den heiß begehrten Raritäten gehören. Ich empfehle ebenfalls Cave Gérald Besse in Martigny-Croix, Philippe Darioli in Martigny/Martinach, Benoît Dorsaz in Fully und Domaine du Mont d'Or in Sitten.

Arvine wurde nur selten außerhalb des Wallis gepflanzt. In der Schweiz findet man einige Parzellen seit den 1970er-Jahren in Neuenburg, seit den 1990er-Jahren in Genf sowie seit kurzem in den Kantonen Waadt, Uri und Tessin. In Italien hat der Stiftsherr Joseph Vaudan, Direktor des Institut Agricole Régional von Aosta, im Jahr 1970 Arvine aus dem Wallis in das Aostatal eingeführt, wo diese Rebsorte seit einigen Jahrzehnten (etwa 12 ha im Jahr 2016) einen großen Erfolg verzeichnet. Im Jahr 1992 pflanzte Angelo Gaja, der angesehenste Produzent Italiens, diese Rebsorte auf 0,36 ha in Serralunga in der Region Piemont. Das Ergebnis war nach seinen eigenen Worten ein Reinfall – hauptsächlich aufgrund der Verrieselung und der spröden Triebe. In Frankreich findet man einige Parzellen im Languedoc-Roussillon sowie im Rhonetal, wo der charismatische Weinbauer Michel Chapoutier einen halben Hektar zu Versuchszwecken in Tain-l'Hermitage angepflanzt hat; dieser Versuch wurde mittlerweile aufgegeben. Im Jahr 2011 hat das französische Comité Technique Permanent de la Sélection des plantes cultivées (CTPS) Arvine in den *Catalogue officiel des variétés de vigne* (offizieller Rebsortenkatalog) für Frankreich aufgenommen.

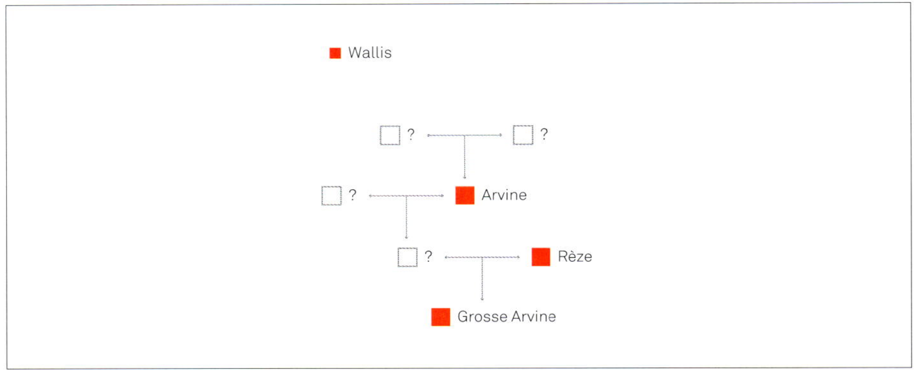

Arvine ist eine Waise und der DNA-Test hat keine direkten Eltern festgestellt. Sie ist dennoch vermutlich die Großmutter (oder Tante bzw. Halbschwester) der Grosse Arvine.

Herkunft
Verbreitung

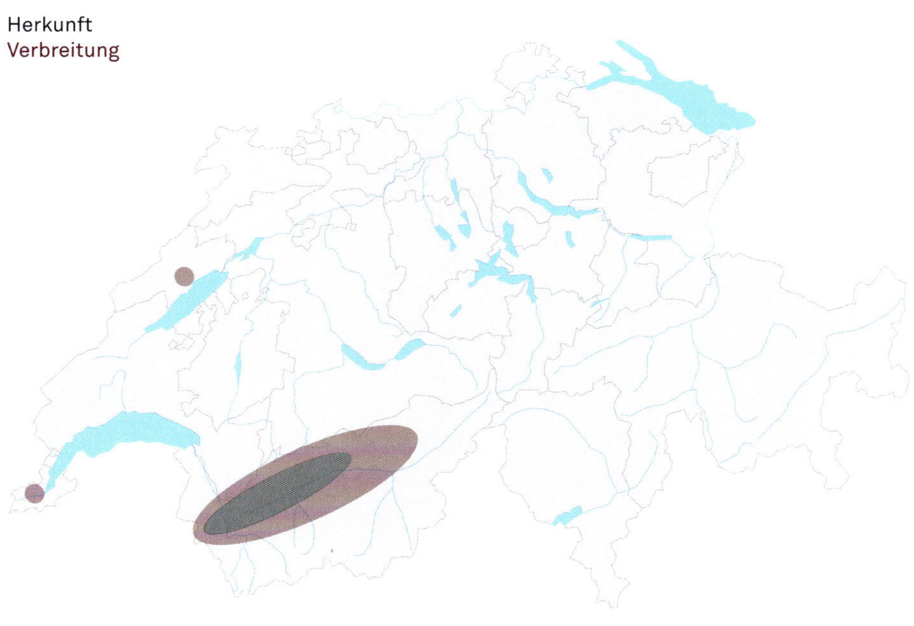

Bondola

Kurzbeschreibung
Alte Rebsorte aus dem Tessin, die selten geworden ist, nachdem sie seit 1906 von Merlot verdrängt wurde.

Hauptsynonyme
Bondola Nera, Briegler* oder Brieger (Zürich), Bundula (Ossolatal/Italien), Longobardo (Aargau).

* nach DNA-Beweis

Historisch-genetische Herkunft
Bondola ist eine im Tessin beheimatete Rebsorte, die zum ersten Mal 1785 als «feine Rebsorte» erwähnt wurde. Der DNA-Test hat enthüllt, dass die Briegler – eine historische Rebsorte der Deutschschweiz, die ab und zu noch in den Schweizer Regionen Zürich, Aargau, Luzern und Bern vorkommt – mit der Bondola identisch ist. Eine Farbmutation, Bondola Bianca genannt, wurde in der Literatur erwähnt, ist heutzutage jedoch verschwunden, während die unbekannte Rebsorte, die von Weinbauer Stefano Haldemann kürzlich als Bondola Bianca benannt wurde, völlig anders ist.

Nach dem Auftreten der Reblaus um 1893 wurden die Bondola und andere alte, lokale Rebsorten nach und nach von der Merlot verdrängt, die im Jahr 1906 eingeführt wurde. Die Spuren der Bondola zeigen eine große klonale Vielfalt, und ein 1987 eingeführtes Auswahlprogramm hat es ermöglicht, davon die besten Individuen zu isolieren, um die Sorte zu erhalten.

Ich konnte die Eltern der Bondola durch den DNA-Test nicht ausfindig machen, was diese Rebsorte zu einer Waise macht. Aber ich konnte zeigen, dass Bondola und Completer aus Graubünden die natürlichen Eltern der beiden äußerst seltenen Rebsorten Bondoletta aus Tessin und Hitzkircher aus Luzern sind. Bondola zeigt keine genetische Verbindung mit den Rebsorten aus Norditalien, sodass auch ihre Herkunft ein Geheimnis bleibt.

Etymologie
Von dem französischen Wort *abondance* (deutsch «Überfluss»), das auf ihre Ertragskraft bezogen wird.

Rebfläche in der Schweiz
10,9 ha fast ausschließlich im Tessin, vor allem historisch in Sopraceneri, dem nördlichen Teil des Tessins, und dort besonders in den Regionen Bellinzona, Biasca und Giornico. Eine kleine Anzahl an Parzellen existiert in Graubünden (0,37 ha). Einige Rebstöcke wurden im Ossolatal in Italien unter dem Namen Bundula oder Bonda entdeckt.

Bondola

Weine

Bondola ergibt farbintensive, fruchtige Weine mit Noten von Sauerkirsche und Pfingstrose, entfaltet herbe, aber angenehme Tannine und hat einen rotweintypischen, leicht sauren, bitteren und erfrischenden Abgang. Man findet sehr gute, sortenreine Weine bei Azienda Mondò/Giorgio Rossi in Sementina und bei La Segrisola/Stefano Haldemann in Gudo, selbstverständlich im Tessin. Bondola wird mit anderen Rebsorten wie Barbera und Freisa verschnitten, um den Nostrano IGT (*Indicazione Geografica Tipica*) zu produzieren, oder auch gelegentlich mit US-amerikanischen Hybriden wie Clinton und Isabella (im IGT nicht zugelassen). Vormals unter dem Namen Briegler in der Deutschschweiz angebaut, ist die Sorte dort heute praktisch verschwunden.

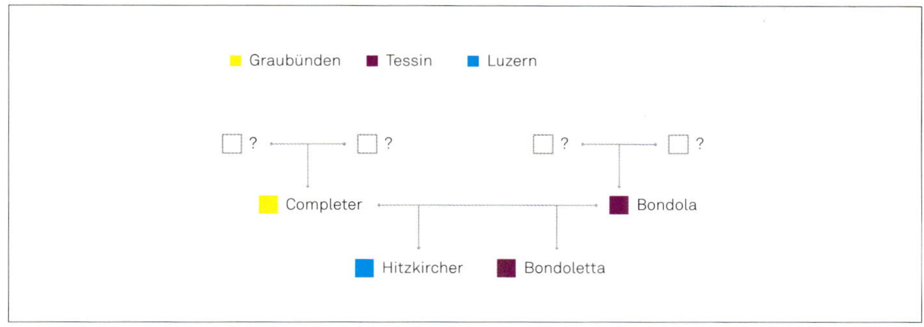

Bondola ist eine Waise. Der DNA-Test hat es ermöglicht, aufzudecken, dass sie durch eine natürliche Kreuzung mit der Completer aus Graubünden die Hitzkircher aus Luzern und die Bondoletta aus Tessin erzeugt hat.

Herkunft
Verbreitung

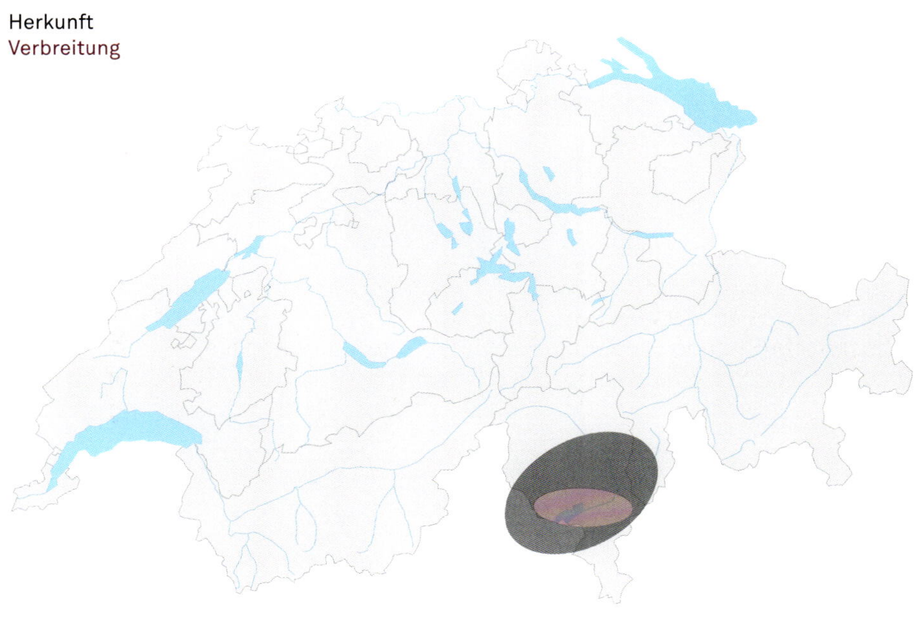

Bondoletta

Kurzbeschreibung
Extrem seltene Rebsorte aus dem Tessin und Tochter der Bondola, die im letzten Moment vor dem Verschwinden gerettet wurde.

Historisch-genetische Herkunft
Bondoletta ist eine einheimische Rebsorte aus dem Tessin, die lange Zeit als verschwunden gegolten hat oder oft mit der Tessiner Bondola verwechselt worden ist, bis der Weinbauer Stefano Haldemann 1989 zwei alte Rebstöcke in einem Tessiner Weinberg ausfindig machte und sie in einer kleinen Parzelle (0,05 ha) in San Martino am Lago Maggiore wieder einpflanzte.

Durch den DNA-Test konnte ich zeigen, dass Bondoletta nicht mit der Bondola identisch ist, sondern eine natürliche Kreuzung zwischen Bondola und Completer aus Graubünden.

Etymologie
Diminutiv von Bondola.

Rebfläche in der Schweiz
0,05 ha, nur im Tessin.

Bondoletta

Weine

Bondoletta wird nur in San Martino im Tessin von Stefano Haldemann angebaut, der sie vor der Vergessenheit bewahrt hat. Er hat sie auf einer Parzelle von 0,05 ha in seiner Assemblage «La Segrisola» in Gudo angepflanzt (65 Prozent Bondola, 35 Prozent Bondoletta). Bondoletta ergibt einen bläulich gefärbten Wein mit einem geringeren Säuregehalt und weniger herben Tanninen als Bondola sowie dem Geschmack von roten Früchten.

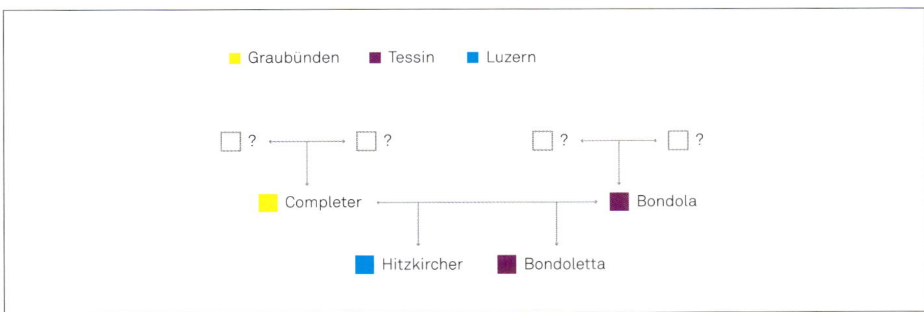

Bondoletta stammt aus einer Kreuzung zwischen Completer aus Graubünden und Bondola aus dem Tessin. Sie ist somit eine Geschwistersorte der Hitzkircher aus Luzern.

Herkunft
Verbreitung

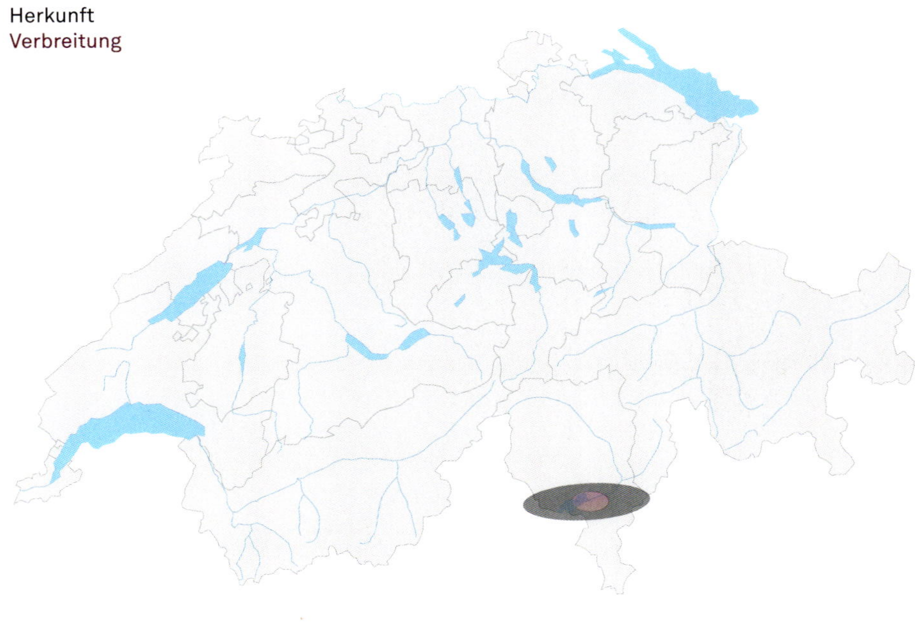

Chasselas

Kurzbeschreibung

Typische Rebsorte der französischen Schweiz, ursprünglich aus dem Genferseeraum.

Hauptsynonyme

Alloy (17. Jahrhundert), Blanchette (Waadt), Bois Rouge* (Waadt), Bon Blanc (Savoyen in Frankreich), Chasselas Cioutat* (Schweiz und Frankreich), Chasselas de Fontainebleau* (Frankreich), Chasselas de Moissac (Frankreich), Chasselas de Montauban (Frankreich), Chasselas de Thomery (Frankreich), Chasselas Doré* (Schweiz, Frankreich, USA), Chasselas Musqué* (Waadt und Frankreich), Dorin (Waadt), Edelweiß (Schweiz und Deutschland), Elbe Toro* (Kastilien und León in Spanien), Feher Chasselas (Ungarn), Fendant* (Wallis und früher Waadt), Fendant Roux (Waadt), Fendant Vert (Waadt), Giclet* (Waadt), Gutedel* oder Gutedel Weiß* (Österreich, Deutschland und Schweiz), Junker (Österreich und Deutschland), Lausanois (Burgund), Mornen Blanc (Rhonetal in Frankreich), Moster (Österreich), Perlan (Genf in der Schweiz), Rdeča Žlahtina* (Kroatien), Rougeasse* (Waadt), Temprana Agosteña* (Cigales in Spanien), Temprano* oder Temprano Blanco (Spanien), Viviser (Deutschland), Walsche (Schweiz), Zupljanka (Serbien).

* nach DNA-Beweis

Historisch-genetische Herkunft

Chasselas ist eine einheimische Rebsorte des Genferseeraums, deren Herkunft lange Zeit diskutiert wurde. Im Jahr 2009 habe ich zusammen mit Claire Arnold eine historisch-genetische Studie zu den Ursprüngen der Chasselas an der Universität Neuenburg durchgeführt, um ihre Herkunft aufzudecken.

Geschichte

Zahlreiche Legenden ranken sich um ihren Ursprungsort. Eine geht davon aus, dass sie aus Ägypten eingeführt worden sei, wo sie Fayoumi genannt worden sein könnte. Eine andere besagt, dass sie von einem Botschafter Franz I., dem Vicomte von Aulan, aus der Türkei eingeführt wurde. Und eine weitere wiederum lautet, dass sie aus dem französischen Dorf Chasselas in Burgund stamme, während mehrere Ampelografen annehmen, dass sie aus dem Genferseeraum kommt. Faktisch wird die Sorte zum ersten Mal in schriftlicher Form im Jahr 1612 erwähnt: Erstens in dem Buch *Le jardinier solitaire* von François Gentil, wo sie unter dem Namen Chasselas als Tafeltraube (zum Verzehr bestimmt) an der Seite des Muscat präsentiert wird, und zweitens in dem Werk *Historia Plantarum Universalis* des Basler Naturforschers Johannes Bauhin, wo sie als Keltertraube (für die Weinherstellung bestimmt) unter dem Namen Fendans, Fendant oder Lausanois [sic] erscheint, was damit ihre mögliche Herkunft verrät. Tatsächlich wurde sie zuerst im Jahr 1696 im Kanton Waadt unter dem Namen Fendant Blanc in der Nähe von Lausanne erwähnt; dieser Name ist Anfang des 20. Jahrhunderts zugunsten anderer Bezeichnungen weggefallen. Im Jahr 1848 wurde die waadtländische Fendant massenweise in das Wallis eingeführt, wo sie zuvor nur noch in Spuren existierte. Seitdem hatte dort der Name Fendant Fortbestand, bis das Bundesgericht 1966 seine ausschließliche Verwendung dem Wallis zugesprochen hat.

Chasselas

Ampélographie
(Viala & Vermorel, 1901–1910)

Chasselas Doré

Genetik

Ich konnte die Eltern der Chasselas mit dem DNA-Test nicht ausfindig machen, da es sich um eine sehr alte Rebsorte handelt und die Eltern wahrscheinlich verschwunden sind, was sie zu einer verwaisten Rebsorte macht. Nach dem genetischen Vergleich mit über 500 Rebsorten aus 18 Ländern in Europa und dem Nahen Osten konnte ich einen möglichen Ursprung der Chasselas aus dem Orient kategorisch widerlegen und ihren Geburtsort als an den Ländergrenzen zwischen Italien, der Schweiz und Frankreich gelegen bestimmen. Durch die Kombination von genetischen Neugliederungen mit den historischen Daten kann man sehr wahrscheinlich den Genferseeraum, und dort möglicherweise den heutigen Kanton Waadt, wo Ende des 19. Jahrhunderts noch die größte biologische Vielfalt der Rebsorte Chasselas beobachtet wurde, als Ursprungsgebiet bezeichnen. Der Vaterschaftstest zeigt, dass Chasselas ein mögliches natürliches Elternteil der Béclan aus dem Jura (Frankreich), der Dongine aus Savoyen (Frankreich) und der Mornen Noir aus dem Rhonetal (Frankreich) ist, was ihre großflächige historische Verbreitung erklären würde. (Es könnte aber auch eine der genannten Rebsorten theoretisch ein Elternteil der Chasselas sein.)

Biologische Vielfalt

Der Herkunftsort einer Rebsorte ist in der Regel der Ort, an dem man die derzeit größte biologische Vielfalt beobachtet. Bei Chasselas ist das zweifellos der Genferseeraum, wo der berühmte Botaniker Augustin-Pyrame de Candolle im Jahr 1820 in seiner Sammlung im Botanischen Garten von Genf 42 Typen verzeichnete – diese Sammlung ist heute leider verschwunden. Um das zu retten, was von der damaligen biologischen Vielfalt übriggeblieben ist, hat die landwirtschaftliche Forschungsanstalt Agroscope die alten Weinberge durchsucht und bis heute über 300 Klone oder Biotypen der Chasselas zurückerlangt. Auf diese Weise setzt sie sich für den Schutz und Erhalt der biologischen Vielfalt dieser Rebsorte ein. Ein Teil dieser Vielfalt wird durch 19 verschiedene Chasselas-Formen abgebildet, die im Conservatoire Mondial du Chasselas in Rivaz (Waadt) inmitten der im Jahr 2007 als UNESCO-Weltkulturerbe klassifizierten terrassenförmigen Weinberge von Lavaux vereint sind.

Zukunft

Chasselas/Fendant herrschte seit langem als Hauptrebsorte unter den weißen Rebsorten der Schweiz vor. Jedoch haben seit Ende des 20. Jahrhunderts zahlreiche Ursachen zu einer deutlichen Abnahme ihrer Flächen geführt: Die Überproduktion in den Jahren 1982/83 hat ihren Ruf beschädigt; der Qualitätsumbruch (Einführung von Quoten) Anfang der 1990er-Jahre hat die weniger produktiven Rebsorten begünstigt, und die Konsumgewohnheiten wurden in den 1990er-Jahren erheblich von Chasselas abgelenkt, sodass im Jahr 2001 ein Programm zur Neupflanzung von Rebflächen (Rodungsprämien) von der Eidgenossenschaft eingerichtet wurde. Auch wenn der Chasselas die meistverbreitete weiße Rebsorte der Schweiz bleibt, haben sich die schweizerischen Flächen aus den genannten Gründen um 40 Prozent verringert, davon 20 Prozent im Kanton Waadt und 60 Prozent im Wallis. Die heutige Tendenz ist nicht steigend, und da das Durchschnittsalter der Chasselas-Reben immer weiter ansteigt, wird ihre Anzahl immer geringer.

Allerdings lässt die Rückkehr der Verbraucher zu eleganten, leichten und gut verträglichen Weinen die Hoffnung zu, dass Chasselas sowohl lokal als auch national wieder aufgewertet wird, indem das Augenmerk entsprechend dem Terroir auf die verschiedenen Entfaltungen gelegt wird.

Etymologie

Der Name Chasselas stammt ohne Zweifel von dem Dorf Chasselas in der Nähe von Mâcon in Saône-et-Loire in Burgund, von wo aus vermutlich die ersten Stecklinge, etwa von Tafeltrauben, in Frankreich vertrieben wurden. Der Name Fendant bezeichnet einen Chasselas-Typ, dessen Beeren sich spalten, wenn man sie mit den Fingern zerdrückt – im Gegensatz zur Giclet, deren Beeren aufspritzen.

Rebfläche in der Schweiz

3 838,2 ha. Die Chasselas wird vor allem in der Romandie angepflanzt, mehrheitlich im Kanton Waadt (2 287 ha), außerdem im Wallis (944,8 ha unter dem Namen Fendant), in Genf (303,2 ha) und in Neuenburg (172,8 ha).

Weine

Die Weine der Chasselas sind hervorragend darin, ein Terroir zum Vorschein zu bringen. Sie bieten eine subtile, aber vielseitige Aromenpalette von überragender Neutralität bis zu personifizierten Eleganz. Ihre Eigenschaften hängen ebenfalls von den Erträgen und der Wahl der Weinherstellung (mit oder ohne malolaktische Gärung) ab. Außerdem kann Chasselas trotz geringer natürlicher Säure im Laufe der Reifung Aromen von Honig, Holunderblüten oder Kamille mit einer cremigen, fast fettigen Textur entwickeln. Im jungen Alter ist der Wein dagegen spritzig.

Als Gesellschaftswein schlechthin wird Chasselas oder Fendant zu jedem Anlass als Aperitif gereicht, zum Beispiel bei Hochzeiten, Beerdigungen, einer Wahl, einem Vertragsabschluss oder einer Abschlussfeier. Das macht ihn zu einem sozialen Bindeglied der Gesellschaft in den französischsprachigen Kantonen. Der Wein ist ebenfalls der ideale Begleiter zu typischen Käsegerichten der Schweiz: Fondue, Raclette und Käseschnitte.

Einige Orte im Kanton Waadt haben eine ähnliche Bedeutung erlangt wie die *Climats* im französischen Burgund (*Climat* ist ein spezifisch burgundischer Ausdruck für das Terroir im Weinbau), wie zum Beispiel Féchy Vignoble Classé in La Côte oder die beiden Grands Crus Calamin und Dézaley in Lavaux. Es ist schwierig, die verschiedenen Entfaltungen der Chasselas im Waadt zu synthetisieren, allerdings findet man dort häufig Aromen von Apfelblüte, Weinbergpfirsich und feuchtem Stein mit einer feinen, eleganten, stärkenden Textur, welche dem Wein eine gute Trinkbarkeit verleiht («das schmeckt nach mehr», französisch «goût de reviens-y», wie man in dieser Gegend zu sagen pflegt). Unter den zahlreichen Produzenten, die ich erwähnen möchte, zählen für mich von West nach Ost: Frères Dutruy in Founex, Domaine Charles Rolaz-Hammel und Château de Châtagneréaz in Rolle, La Colombe/Raymond Paccot in Féchy, Caves Cidis in Tolochenaz, Domaine Henri Cruchon in Echichens, Domaine Mermetus/Henri et Vincent Chollet in Aran, Domaine Louis Bovard in Cully, Clos du Boux/Luc Massy,

Etienne et Louis Fonjallaz und Domaine Blaise Duboux in Epesses, Pierre-Luc Leyvraz in Chexbres, Domaine Monachon in Rivaz, Obrist SA in Vevey (zum Beispiel Cure d'Attalens, Château de Vinzel und Clos du Rocher) sowie Château Maison Blanche und Domaine de la Pierre Latine in Yvorne, Clos du Crosex Grillé und Badoux Vins in Aigle.

Im Wallis wird Fendant auf einem Mosaik verschiedener Terroirs angebaut, die in einem wärmeren und trockeneren Klima der Schweiz liegen, wodurch kraftvollere, aromatische und sonnengeladene Weine hergestellt werden können, die Aromen von Feuerstein und warmem Schiefer haben, am Gaumen gehaltvoll und ölig sind und oft durch einen Hauch Kohlensäure belebend wirken, wodurch ihnen Frische und Trinkbarkeit verliehen wird. Auch hier fällt mir die Auswahl schwer, aber ich empfehle (rhoneaufwärts): Cave Gérald Besse in Martigny-Croix, Domaine Marie-Thérèse Chappaz in Fully, Simon Maye & Fils in Saint-Pierre-de-Clages, Maurice Gay SA in Chamoson, Domaine Jean-René Germanier in Vétroz, Provins Collection Chandra Kurt, Maison Gilliard, Charles Bonvin & Fils und Varone Vins in Sitten, Domaine Cornulus in Savièse, Domaines Rouvinez, Domaine des Muses/Robert Taramarcaz und Cave des Bernunes/Nicolas Zufferey in Siders, Cave Mabillard-Fuchs in Venthône, Nouveau Salquenen/ Adrian & Diego Mathier in Salgesch.

Im Kanton Genf sind die Weine der Chasselas fruchtig, frisch und leicht und heben sich durch ein unaufdringliches Prickeln hervor, auf dem der lokale Name Perlan beruht, der aber nicht wirklich verwendet wird. Ich empfehle vor allem Stéphane Gros, Clos des Pins/Marc Ramu sowie Domaine les Hutins in Dardagny, Domaine des Molards in Russin, La Cave de Genève SA und Domaine des Abeilles d'Or in Satigny.

In der Region Neuenburg/Drei-Seen-Land haben die Chasselas-Weine Aromen von Zitrusfrucht, Birne und Aprikose mit einer breiten und frischen Struktur und im Abgang Funken von Feuerstein. Ich empfehle besonders im Kanton Neuenburg die Caves du Château d'Auvernier und Domaine de La Maison Carrée in Auvernier, Caves de Chambleau/Louis-Philippe Burgat in Colombier, Grillette Domaine de Cressier und Caves de la Ville de Neuchâtel. Eine Neuenburger Spezialität ist der Neuchâtel Non Filtré – ein Chasselas, der Anfang Januar ohne abschließende Filterung in Flaschen abgefüllt wird und dadurch seine Trübung behält. Er ist der erste Wein des Jahres, der Aromen von Zitrusfrucht und Ananas bietet und am Gaumen köstlich und voll ist. Er stellt somit einen Kontrast zu anderen, kristallineren Chasselas-Weinen dar. In der Region Drei-Seen-Land zähle ich zu den zuverlässigen Produzenten Steiner Schernelz Village in Ligerz (Bielersee), Cru de l'Hôpital in Môtier (Vully) und Domaine Chervet in Praz (Vully).

In der Deutschschweiz ist Chasselas deutlich weniger verbreitet und wird in der Regel unter dem Namen Gutedel angebaut. Hier kann die Siebe Dupf Kellerei in Liestal (Baselland) als eines der vertrauenswürdigen Weingüter angeführt werden.

Außerhalb der Schweiz wird Chasselas auch in Deutschland, Frankreich, Italien, Spanien, Österreich, Ungarn, USA (Kalifornien), Kanada und Chile zur Weinherstellung angebaut. Der jährlich auf dem Chateau d'Aigle (Waadt) stattfindende Wettbewerb «Concours Mondial du Chasselas» zeugt von dem kosmopolitischen Charakter dieser Rebsorte.

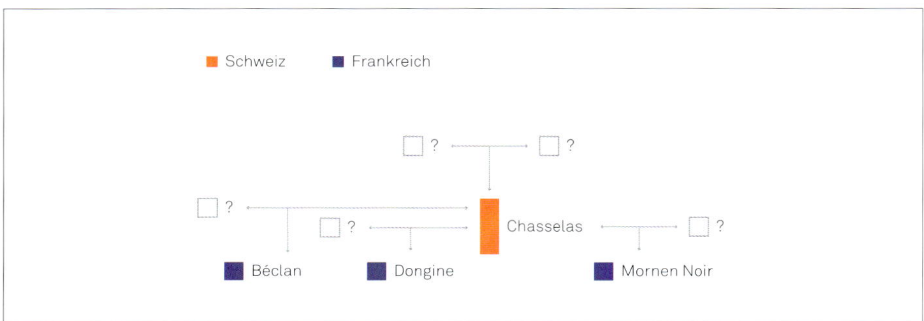

Chasselas ist eine Waise, jedoch ist sie möglicherweise ein natürliches Elternteil der Béclan aus dem Jura (Frankreich), der Dongine aus Savoyen (Frankreich) und der Mornen Noir aus der Region Rhône-Alpes (Frankreich).

Anmerkung: Eine dieser Rebsorten kann theoretisch ein Elternteil der Chasselas sein, aber Chasselas ist viel älter.

Herkunft
Verbreitung

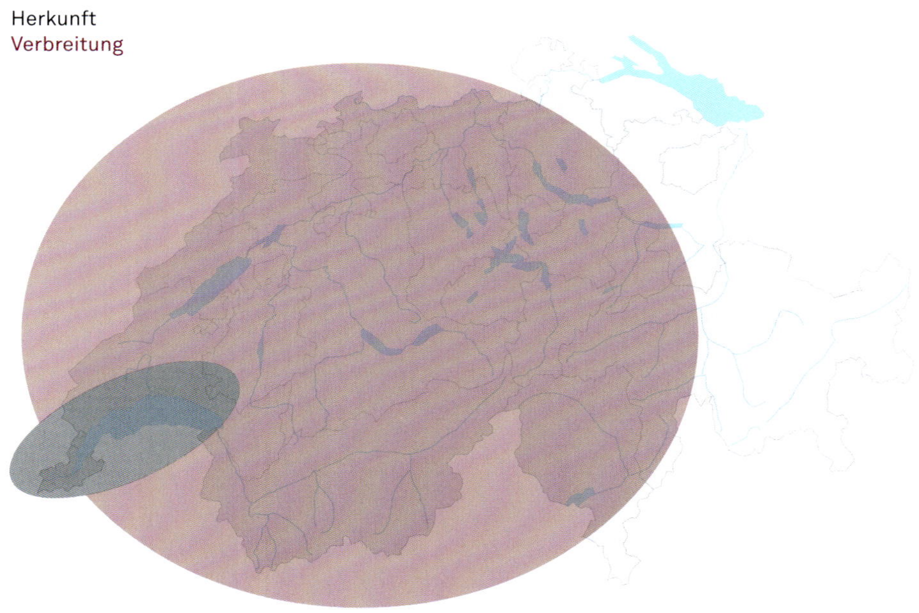

Completer

Kurzbeschreibung

Alte, seltene Rebsorte aus Graubünden, historisch auch in der Region Zürich und im Wallis vorhanden.

Hauptsynonyme

Lindauer (früher in Schaffhausen, Thurgau und Zürich), Malanstraube (Graubünden), Zürirebe (Zürichsee).

Historisch-genetische Herkunft

Completer ist eine sehr alte Rebsorte aus der Region Malans in Graubünden, wo sie zum ersten Mal im Jahr 1321 in einer Schrift des Domkapitels von Chur erwähnt wurde (nicht im Jahr 926, wie es einige Schriften behaupten). Sie wurde lange Zeit mit Lafnetscha aus dem Oberwallis verwechselt, bis ich aufgrund des DNA-Tests im Jahr 2004 belegen konnte, dass Letztere eine natürliche Kreuzung aus Completer und Humagne ist. Diese Entdeckung war nicht etwa für die Humagne überraschend, welche im Wallis bereits seit 1313 erwähnt worden ist, sondern vielmehr für die Completer, die nie zuvor im Wallis beobachtet wurde. Durch eine gründliche Recherche konnte ich einige alte Weinlauben der Completer im Bezirk Visp (Oberwallis) unter den Namen «Kleine Lafnetscha» und «Große Lafnetscha» entdecken. Diese lieferten den Beweis, dass die Completer im Wallis über die Jahrhunderte unentdeckt angebaut worden ist – zumindest vor der Geburt ihrer Geschwistersorte Lafnetscha, die dort bereits im Jahr 1627 erwähnt wurde. Außerdem konnte ich mit dem Vaterschaftstest zeigen, dass durch zwei unterschiedliche natürliche Kreuzungen zwischen Completer und Bondola aus dem Tessin die Bondoletta aus dem Tessin und die Hitzkircher aus dem Kanton Luzern entstanden sind. Was die Eltern der Completer betrifft, so konnten diese durch den DNA-Test nicht identifiziert werden. Alles deutet darauf hin, dass diese möglicherweise verschwunden sind. Die Completer ist somit eine verwaiste Rebsorte. Die historischen Daten lassen dennoch annehmen, dass die Benediktinermönche aus dem Kloster Pfäfers in St. Gallen sie aus Norditalien eingeführt haben könnten; jene verfügten sowohl in Malans als auch in Italien über Weine. Es ist somit denkbar, dass die Completer unabhängig nach Graubünden und in das Oberwallis eingeführt wurde, wo die alten Rebstöcke immer noch auf italienische Art in Weinlauben angeordnet werden.

Etymologie

Ihr Name stammt sehr wahrscheinlich von *completorium*, dem lateinischen Namen für die Komplet, das abendliche Gebet der Mönche. Bei diesem Gebet war es den Benediktinermönchen traditionellerweise gestattet, schweigend ein Glas Wein zu trinken.

Rebfläche in der Schweiz

5,2 ha, größtenteils in Graubünden (3,7 ha), kleine Flächen im Tessin (0,62 ha) und in Zürich (0,42 ha) sowie Nischen im Wallis (0,38 ha, die noch nicht in den offiziellen Statistiken berücksichtigt sind).

Weine

In der Regel besitzen die Completer-Weine komplexe Aromen von Quitten, reifen Äpfeln, Pflaumen und Honig und erinnern an Dessertweine, obwohl sie im Mund vollkommen trocken sind. Sie verfügen über eine üppige Struktur, eine außerordentlich hohe natürliche Säure und neigen zu einer schonenden Oxidation. Meist haben die Weine aufgrund der oftmals späten Ernte und der leichten Austrocknung der Trauben durch den Föhn einen hohen Alkoholgehalt. Unter den Weinen der Schweiz haben die Completer-Weine das größte Lagerpotenzial. Ausschließlich in der Schweiz kultiviert, kommt der Großteil der Weine aus Graubünden. Die Erzeuger, die ich besonders empfehlen kann, sind Gian Battista von Tscharner in Reichenau, Weingut Sprecher von Bernegg/Jan Luzi und Weingut zur Sonne/Christian und Franziska Obrecht in Jenins sowie Peter und Rosi Hermann in Fläsch. Außerdem empfehle ich in Malans, dem Zentrum dieser Rebsorte, vor allem das Weingut Donatsch mit der größten Anbaufläche des Landes von 6 000 m², die Completer-Kellerei Giani Boner, deren hundertjährige Rebe eine der wenigen wurzelechten in der Schweiz ist, und Thomas Studach, der dort eine Produktion im kleinen Umfang führt. Completer findet man auch im Tessin, beispielsweise bei der Cantina del Portico/Werner Stucky in Rivera und Huber Vini in Monteggio. Im Kanton Zürich ist der Wein historisch unter dem Namen Zürirebe bekannt und wird ausschließlich von Schwarzenbach Weinbau in Meilen sortenrein hergestellt.

Infolge der Entdeckung im Wallis im Jahr 2004 und möglicherweise auch durch meinen offenherzigen Enthusiasmus für diese Rebsorte haben mehrere Produzenten dort kürzlich angefangen, einige Flächen Completer anzubauen: Clos de Tsamphéro (900 m²) in Flanthey, Domaine Marie-Thérèse Chappaz (1 000 m² in Charrat) in Fully, Valentina Andrei (1 200 m² in Martigny und Chamoson) und La Cave du Chatillon (Fläche nicht mitgeteilt) in Saillon, Cave Arte Vinum/Ferdinand Bétrisey (300 m²) in Vétroz oder auch VinEsch (400 m²) auf dem Rebberg im Esch, einem historischen Weinberg in der Nähe von Visp, der vom Verein VinEsch geschützt wird.

Completer

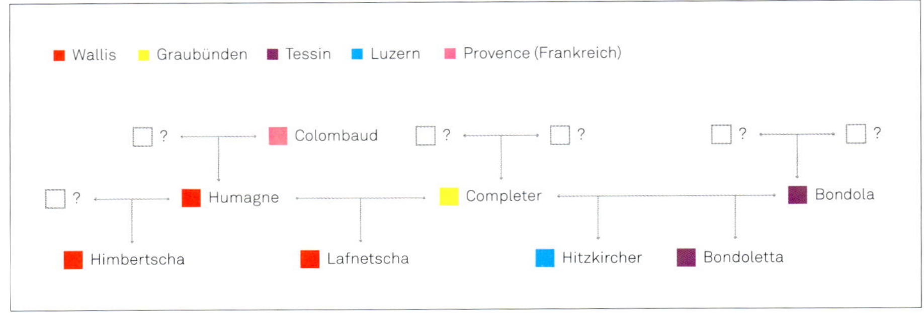

Die Completer ist eine verwaiste Rebsorte. Der DNA-Test hat gezeigt, dass durch eine natürliche Kreuzung mit der Humagne die Lafnetscha im Wallis und durch zwei weitere natürliche Kreuzungen mit Bondola aus dem Tessin die Hitzkircher aus Luzern sowie die Bondoletta aus dem Tessin entstanden sind.

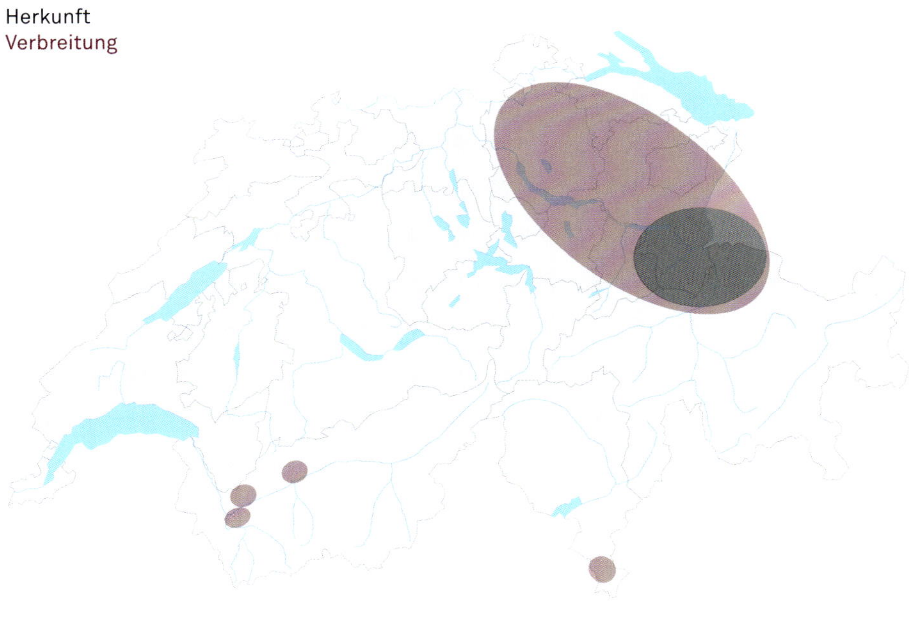

Cornalin

Kurzbeschreibung
Alte, rote Rebsorte aus dem Aostatal (Italien), besonders im Wallis unter dem irrtümlichen Namen Humagne Rouge sehr verbreitet.

Hauptsynonyme
Broblanc (Aostatal), Cornalino, Cornallin oder Corniola (Aostatal), Humagne Rouge* (Wallis).

* nach DNA-Beweis.

Historisch-genetische Herkunft
Anmerkung: Trotz ihres Ursprungs im Aostatal findet sich diese Rebsorte, die nicht als in der Schweiz einheimisch angesehen werden kann, in diesem Buch, da sich der Großteil ihrer Kultur derzeit im Wallis befindet.

Die Rebsorte Cornalin hat ihren Ursprung im Aostatal (Italien), wo sie im 19. Jahrhundert recht gut kultiviert wurde, wie ihre erste Erwähnung im Jahr 1838 in einem Werk von Lorenzo Francesco Gatta belegt, in dem ihre Morphologie beschrieben wird. Um die Wende des 20. Jahrhunderts wurde diese Rebsorte über den Großen St. Bernhard in das Wallis eingeführt, um in der Region Fully angepflanzt zu werden. Dort erhielt sie aus unbekannten Gründen den Namen Humagne Rouge, obwohl sie keinerlei Verbindung zur Humagne Blanc hat. Ihr Name taucht erst wieder 1945 in Verbindung mit einer Rebe in Saillon auf. Im Wallis hat man sich den Namen der Cornalin aus dem Aostatal widerrechtlich angeeignet, indem diese Bezeichnung im Jahr 1972 für die Rouge du Pays übernommen wurde, was zu einer Verwechslung führte, die noch bis heute besteht.

Durch den Vaterschaftstest konnte ich beweisen, dass die Cornalin (oder Humagne Rouge im Wallis) durch die Kreuzung mit einer anderen unbekannten Rebsorte ein natürliches Kind der Rouge du Pays (oder Cornalin im Wallis) und somit eine Enkelin der Petit Rouge und der Mayolet aus dem Aostatal ist. Ihr Stammbaum weist auf die Notwendigkeit hin, die Namen auf beiden Seiten des Großen St. Bernhard zu klären, wobei zu beachten ist, dass dem Aostatal beim Namen Cornalin der Vorrang gebührt.

Etymologie
Der Name könnte von dem Wort *cornyeule* stammen – dem Dialektnamen für den Hartriegel, einen Strauch, dessen Beeren an die der Cornalin erinnern.

Rebfläche in der Schweiz
137,5 ha, ausschließlich im Wallis unter dem Namen Humagne Rouge.

Weine
Nachdem sie in ihrer Heimat in letzter Minute vor dem Verschwinden bewahrt worden ist, wurde Cornalin erneut auf einigen Hektar im Aostatal angebaut, wo Produzenten wie Maison Anselmet in Villeneuve und Grosjean Frères in Quart daraus sortenreine DOC-Weine (*Denominazione di Origine Controllata*) herstellen. Allerdings ist die Kultur im Wallis unter dem Namen Humagne Rouge am Größten. Der Wein der Humagne Rouge ist mit seinen Aromen von Veilchen, getrockneten Weinblättern, Holunder, Rauch, einer Tanninstruktur mit rustika-

Cornalin

ler Nuance und einer luftigen Struktur mit keinem anderen Wein zu vergleichen. Unter den Walliser Produzenten, die ich empfehlen kann, befinden sich (rhoneaufwärts): Defayes & Crettenand in Leytron, Simon Maye & Fils in Saint-Pierre-de-Clages, Cave La Madeleine/André Fontannaz und Cave Arte Vinum/Ferdinand Bétrisey in Vétroz, Cave La Romaine/Joël et Edith Briguet in Flanthey, Cave de la Rayettaz/Christophe Rey in Corin, Cave Maurice Zufferey in Siders, Kellerei Leukersonne in La Souste.

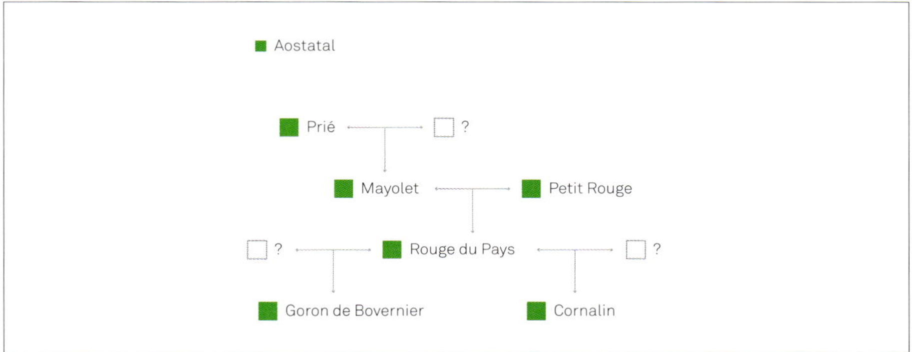

Cornalin stammt aus einer natürlichen Kreuzung zwischen Rouge du Pays und einer unbekannten Rebsorte, die wahrscheinlich verschwunden ist. Sie ist daher eine Enkelin der Mayolet und der Petit Rouge sowie eine Urenkelin der Prié, die alle aus dem Aostatal stammen. Die Cornalin ist ebenfalls eine Halbgeschwistersorte der Goron de Bovernier.

Herkunft
Verbreitung

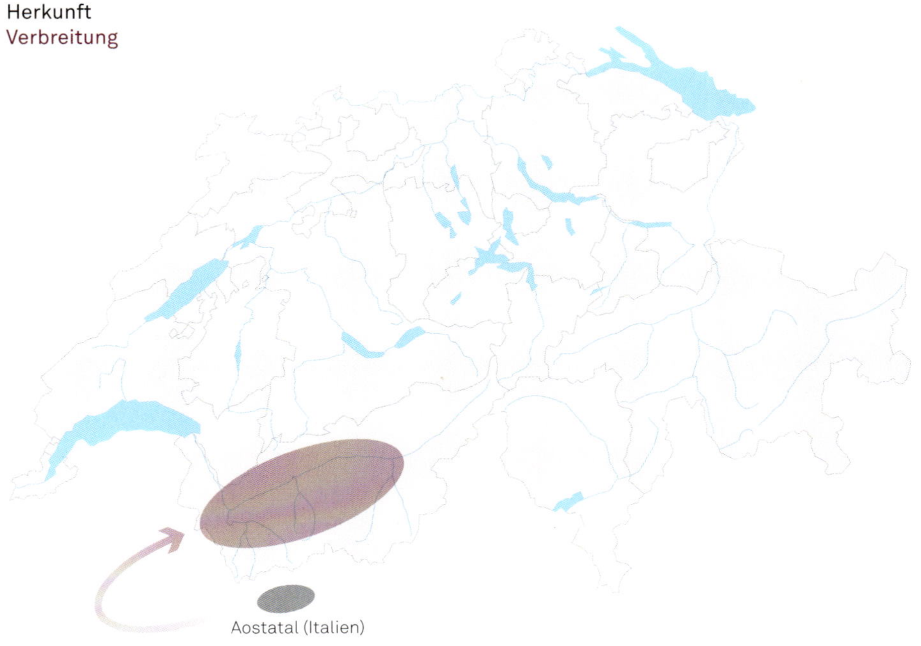

Diolle

Kurzbeschreibung
Alte Rebsorte aus der Gegend von Conthey/Savièse/Sitten (Wallis), die im Jahr 2005 wieder zum Leben erweckt wurde.

Hauptsynonyme
Diola, Diollaz, Jiolaz, Tiola.

Historisch-genetische Herkunft
Die Diolle wurde das erste Mal im Jahr 1654 im Zusammenhang mit den Weinbergen von Sitten im Wallis unter dem Dialektnamen Jiolaz erwähnt, dann mit unterschiedlichen Schreibweisen in mehreren Schriften über die Weinberge der Gegenden um Conthey/Savièse/Sitten. Ihre letzte schriftliche Erwähnung stammt aus dem Jahr 1903; seitdem galt diese Rebsorte als verschwunden. Im Jahr 2005, als ich eine Datenbank mit den DNA-Profilen aller in der Schweiz angebauten Rebsorten anlegte (Swiss Vitis Microsatellite Database, SVMD, www1.unine.ch/svmd), hat mich Germain Héritier kontaktiert, ein Selbstkelterer aus Granois (Savièse). Er hatte zwei unbekannte Rebstöcke in einer Mauer des Weinbergs Balletière zwischen Conthey und Savièse entdeckt. Durch die DNA-Analyse ergab sich für beide Rebstöcke das gleiche Profil, welches wiederum zu keiner bekannten Rebsorte passte. Der Vaterschaftstest hat dann ergeben, dass diese unbekannte Rebsorte ein Kind der Rèze ist (oder eine Elternsorte, wobei Rèze älter ist; daher ist es logisch, diese als Elternsorte zu betrachten), was darauf hinweisen könnte, dass diese unbekannte Rebsorte auch aus dem Wallis stammt. Später konnte ich durch eine ampelografische Beschreibung in einem Werk aus dem frühen 20. Jahrhundert diese Unbekannte ermitteln: Es handelte sich um Diolle, eine Rebsorte aus der Region Conthey/Savièse, die als mögliche natürliche Kreuzung zwischen Rèze und Fendant (Chasselas) angesehen wurde. Der DNA-Test widerlegte jegliche Verwandtschaft mit Fendant, aber die rätselhafte Rebsorte aus Savièse entsprach perfekt der Beschreibung. Sie gehört damit zu den alten Walliser Rebsorten: Die Diolle ist auferstanden!

Etymologie
Der Name Diolle kommt von dem Örtchen Diolly oberhalb von Sitten.

Rebfläche in der Schweiz
0,03 ha in Chamoson (Wallis).

Weine
Die Diolle wurde aufgrund ihrer Anfälligkeit für Fäulnis und des schwachen Charakters ihres Weins aufgegeben. Dabei muss betont werden, dass der Wein aufgrund seines hohen Säuregehalts gut gelagert werden konnte. In der Tat zeigte eine Mikrovinifikation, die 2014 von der landwirtschaftlichen Forschungsanstalt Agroscope durchgeführt wurde, einen Wein mit ausgeprägten Aromen von Zitrusfrüchten und einem sehr starken Säuregehalt – im Grunde ein Wein, der aromatisch an Arvine und strukturell an Rèze erinnert. Im Jahr 2013 konnte ich in Zusammenarbeit mit dem Winzer und Weinhersteller Didier Joris in Chamoson 300 m² Diolle pflanzen. Leider hat sich die Wahl der Unterlage als schlecht er-

Diolle

wiesen (Couderc 3309) und die Pflanzen sind verendet. Daher habe ich mit Joris im Jahr 2015 eine erneute Pflanzung auf einer anderen Unterlage (5BB) begonnen. Die erste Ernte ist für 2018 vorgesehen. Erst dann können wir die önologischen Qualitäten dieser uralten Rebsorte beurteilen und damit ihr agronomisches Verhalten, ihre Widerstandsfähigkeit und ihr Potenzial besser verstehen.

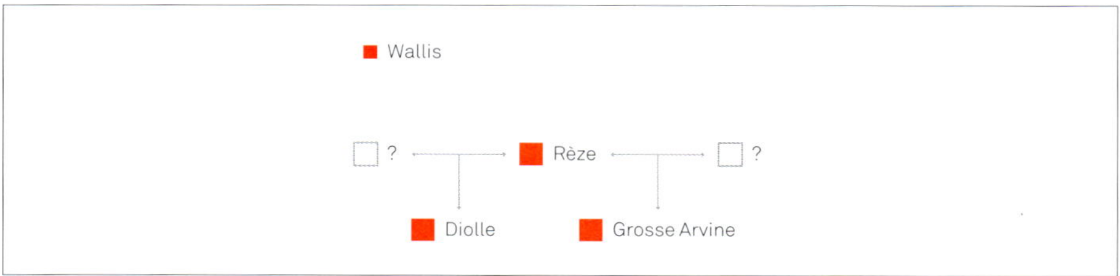

Die Diolle stammt aus einer natürlichen Kreuzung zwischen Rèze und einer unbekannten Rebsorte, die vermutlich verschwunden ist. Sie ist daher eine Halbgeschwistersorte der Grosse Arvine aus der Gegend von Martigny-Fully.

Anmerkung: Die Diolle könnte theoretisch auch die Mutter der Rèze und die Großmutter der Grosse Arvine sein, dies wäre jedoch weniger denkbar, da die Rèze früher schriftlich erwähnt wurde.

Herkunft
Verbreitung

Eyholzer Roter

Kurzbeschreibung
Alte, sehr seltene Rebsorte aus der Region Visp im Oberwallis, welche nur von einem Produzenten zu Wein verarbeitet wird.

Hauptsynonyme
Eyholzer Rote, Gros Roth, Großroter.

Historisch-genetische Herkunft
Eyholzer Roter ist eine Seltenheit aus der Region Visp im Oberwallis. Der DNA-Test hat es mir ermöglicht, die Gleichsetzung dieser Rebsorte mit der Hibou Noir aus Savoyen zu widerlegen, und zeigte, dass sie einige genetische Verbindungen mit Rebsorten aus Norditalien haben könnte. Dies könnte erklären, weshalb sie noch oft in Weinlauben angebaut wird. Ihre Eltern konnten nicht ausfindig gemacht werden, somit ist Eyholzer Roter eine Waise.

Ihr Name erscheint nur in einem Dokument aus Eyholz aus dem Jahr 1982, aber sie muss in der Region viel länger präsent gewesen sein: Dies belegen die mehr als hundertjährigen Weinlauben im Dorf Stalden, im Zentrum der Altstadt von Visp sowie im Zentrum der Altstadt von Sitten im Maison de la Treille. Im Jahr 2016 wurde durch den DNA-Test ein alter Rebstock in Vogorno im Verzascatal im Tessin identifiziert, womit die mögliche Einführung ins Wallis aus Norditalien bekräftigt wird.

Etymologie
Benannt nach dem Dorf Eyholz zwischen Visp und Brig.

Rebfläche in der Schweiz
0,21 ha in Visp im Wallis.

Weine
Die Weine des Eyholzer Roter sind mit keinem anderen Wein zu vergleichen. Seine natürlich hohe Säure, sein geringer Alkoholgehalt und seine warmen Erdbeeraromen machen ihn zu einem einzigartigen Wein, der leicht gekühlt getrunken wird. Der einzige Produzent der Welt, der diese Rebsorte zu Wein verarbeitet, ist die Kellerei Chanton in Visp, die daraus ebenfalls aus im Januar geernteten Trauben eine Art von Eiswein herstellt, sofern es der Jahrgang zulässt und die Trauben nicht von Hirschen gefressen werden. Das Ergebnis ist ein einzigartiger Dessertwein mit Aromen von Crème Brûlée, Marmelade, Orangenschale, einem äußerst frischen Geschmack und einem hohen Säuregehalt – ein ganz besonderes, süß-saures Sinneserlebnis.

Eyholzer Roter

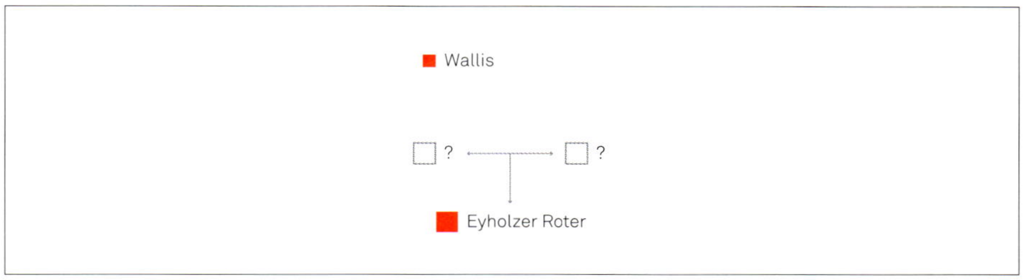

Eyholzer Roter ist eine verwaiste Rebsorte.

Herkunft
Verbreitung

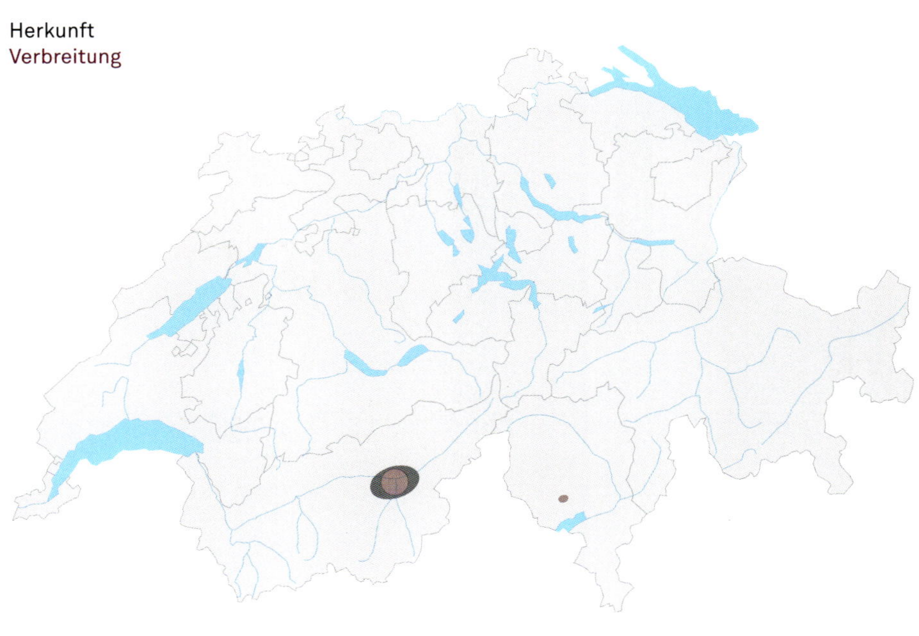

Goron de Bovernier

Kurzbeschreibung
Walliser Rarität aus Bovernier im Val d'Entremont, die jüngst von der Gemeinde vor dem Vergessen bewahrt worden ist.

Hauptsynonyme
Goron, Plant d'Aoste.

Historisch-genetische Herkunft
Anmerkung: Trotz ihres Ursprungs im Aostatal wird diese Rebsorte, die in der Schweiz nicht als einheimisch angesehen werden kann, in das vorliegende Werk einbezogen, da sich ihre Kultur ausschließlich im Wallis befindet.

Die Goron, welche erstmals im Jahr 1827 im Wallis erwähnt wurde, wurde in den Weinbergen von Bovernier, Martigny und Charrat lokalisiert. Laut der mündlichen Überlieferung könnte sie Anfang des 19. Jahrhunderts durch einen Kohlenhändler namens Cretton aus dem Aostatal mitgebracht worden sein. Durch den DNA-Test konnte ich tatsächlich beweisen, dass sie ihren Ursprung im Aostatal hat: Es handelt sich bei ihr um ein Kind der Rouge du Pays (oder Cornalin im Wallis), das im Aostatal entstanden ist und vor langer Zeit in das Wallis eingeführt wurde. Vater und Kind sind nicht nur beide aus ihrer Heimatregion verschwunden, sondern auch während des 20. Jahrhunderts im Wallis fast verschwunden. Als Opfer ihres schlechten Rufs wurde die Goron de Bovernier nämlich seit den 1950er-Jahren ausgerissen, und nur noch einige winzige Parzellen in Bovernier blieben bis zum Anfang des 21. Jahrhunderts bestehen.

Man darf diese Rebsorte nicht mit dem Fantasienamen Goron verwechseln, der seit 1959 einer deklassierten Dôle gegeben wurde, um deren Überschüsse infolge einer enormen Überproduktion im Jahr 1958 zu verkaufen. Aus diesem Grund ziehe ich es vor, von nun an den Namen Goron de Bovernier für diese Rebsorte zu verwenden.

Etymologie
Goron kommt von dem Dialektwort *gorr*, das etwas Großes, Bauchiges, Rundliches beschreibt, so wie die Trauben der Goron gestaltet sind. Der Name kann auch von einem im Mittelalter im Wallis verbreiteten Familiennamen stammen.

Rebfläche in der Schweiz
0,21 ha, nur in Bovernier (Wallis).

Weine
Im Jahr 2010 hat die Gemeinde von Bovernier auf einer Parzelle von 700 m² Pflanzen aus einigen seltenen Rebstöcken gesetzt, die auf ihrem Weinberg noch existiert hatten. 2013 überzeugte die Verkostung des ersten Jahrgangs die Gemeinde von dem Vorhaben, im Jahr 2016 weitere 1 400 m² damit zu bepflanzen, um dieses einzigartige lokale Erbe zu bewahren. Der Wein der Goron de Bovernier ist sehr farbintensiv und zeigt Aromen von Preiselbeere, roter Johannisbeere, Himbeere sowie einen sehr hohen Säuregehalt, der Frische mit sich bringt. Er verfügt über leichte, aber rustikale Tannine, welche adstringierend wirken können, wenn die Reife nicht optimal ist.

Goron de Bovernier

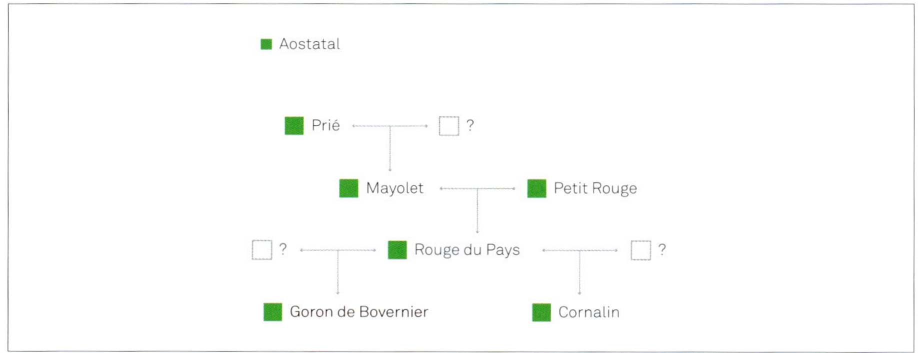

Die Goron de Bovernier stammt aus einer natürlichen Kreuzung zwischen Rouge du Pays (oder Cornalin im Wallis) und einer unbekannten, möglicherweise verschwundenen Rebsorte. Sie ist daher eine Enkelin der Mayolet und der Petit Rouge und eine Urenkelin der Prié, die alle aus dem Aostatal stammen. Sie ist auch eine Halbgeschwistersorte der Cornalin oder Humagne Rouge im Wallis.

Herkunft
Verbreitung

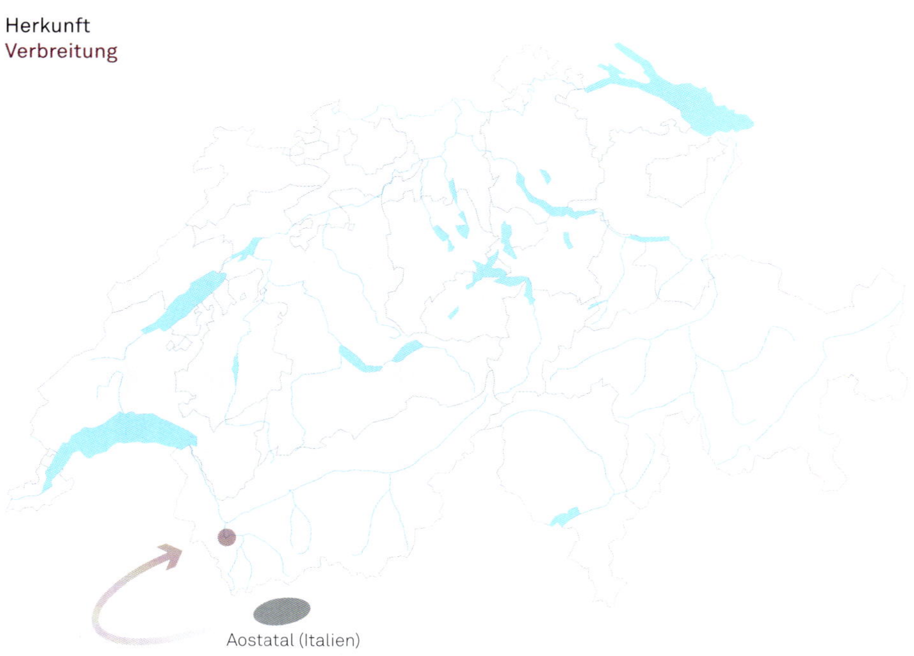

Gros Bourgogne

Kurzbeschreibung
Ungarische Reliquie, die auf rätselhafte Weise in der Romandie und im Oberwallis aufgetaucht ist.

Hauptsynonyme
Bordeaux Blanc* (Wallis), Bourgogne Blanc (Wallis), Plantscher* (Oberwallis).

*nach DNA-Beweis.

Historisch-genetische Herkunft
Anmerkung: Trotz ihrer ungarischen Herkunft wird diese Rebsorte, die in der Schweiz nicht als einheimisch angesehen werden kann, in diesem Werk aufgeführt, da sich ihre Kultur nur im Wallis befindet.

Anders als es der Name und die Synonyme vermuten lassen, hat die Gros Bourgogne nichts mit den französischen Rebsorten zu tun. Sie wurde früher in der gesamten Schweiz angebaut, hauptsächlich in den Kantonen Waadt und Wallis, aber es besteht bis heute nur eine einzige Anbaufläche in der Region Visp unter dem Synonym Plantscher. Wie ich durch den DNA-Test herausfinden konnte, finden sich noch verstreute Spuren in unterschiedlichen Regionen in Form von isolierten Rebstöcken oder Weinlauben: in Troistorrents, Fully, Erbioz/Nax, Savièse, Granges, Lalden und Visp im Wallis, Weite (Rheintal) und Altstätten im Kanton St. Gallen sowie Thayngen im Kanton Schaffhausen. Wider Erwarten hat der Vaterschaftstest aufgedeckt, dass die Gros Bourgogne aus einer natürlichen Kreuzung zwischen Furmint aus der Region Tokaj in Ungarn und einer unbekannten, vermutlich verschwundenen Rebsorte stammt. Aus der gleichen Kreuzung stammt die Hárslevelű, eine andere Rebsorte aus dem Tokaj, die demnach eine Geschwistersorte der Gros Bourgogne ist. Letztere ist heutzutage aus ihrer Heimat verschwunden.

Wie konnte diese ungarische Rebsorte also in die Schweiz gelangen? Laut einer zweifelhaften Legende über Attilas Hunnenvölker könnte sie im Val d'Anniviers im Wallis entstanden sein. Über diese Legende hinaus wissen wir wiederum, dass die Ungarn während ihrer Eroberungsfeldzüge im 10. Jahrhundert mehrere Gegenden der Schweiz heimgesucht haben. Möglicherweise haben sie die Gros Bourgogne eingeführt. Ihr ungarischer Name bleibt aber unbekannt.

Etymologie
Der Name Gros Bourgogne wurde der Rebsorte möglicherweise ohne ampelografische Grundlage gegeben. Plantscher könnte eine Eindeutschung von Blanchier sein – eines Begriffs, der zum Bestimmen mehrerer weißer, unbestimmter Rebsorten im Kanton Waadt und im Wallis verwendet wurde.

Rebfläche in der Schweiz
0,75 ha, nur im Oberwallis.

Gros Bourgogne

Weine

Früher in mehreren Regionen der Schweiz präsent, wie zum Beispiel auf dem Weinberg von Erbioz im Val d'Hérens, wird Gros Bourgogne heute nur noch von einem einzigen Produzenten unter dem Namen Plantscher kultiviert: der Kellerei Chanton in Visp im Oberwallis. Ihr Wein bietet komplexe Aromen von Kamille und Heckenkirsche, eine dichte Struktur mit einer mäßigen Säure und einer aromatisch eindrucksvollen Beständigkeit.

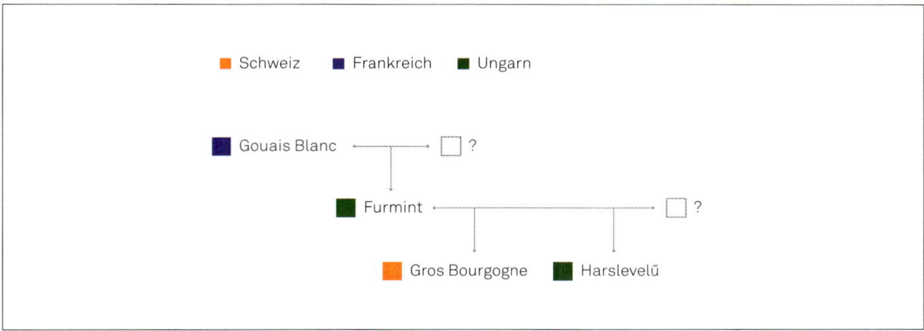

Die Gros Bourgogne stammt aus einer natürlichen Kreuzung zwischen Furmint aus Ungarn (Region Tokaj) und einer unbekannten, vermutlich verschwundenen Rebsorte. Sie ist somit eine Enkelin der Gouais Blanc aus dem Nordosten Frankreichs und eine Geschwistersorte der Hárslevelű aus Ungarn (Tokaj).

Herkunft
Verbreitung

Ampélographie
(Viala & Vermorel, 1901–1910)

Gros Bourgogne

Grosse Arvine

Kurzbeschreibung

Eine Rarität der Weinberge von Martigny und Fully im Wallis, Tochter der Rèze und möglicherweise Enkelin der Arvine, kürzlich vor dem Aussterben gerettet.

Hauptsynonyme

Arvine de Martigny, Arvine Grande, Arvine Grosse, Grande Arvine.

Historisch-genetische Herkunft

Die Grosse Arvine ist eine im Wallis einheimische Rebsorte, die zum ersten Mal im Jahr 1812 erwähnt wurde. Ab diesem Zeitpunkt wurde die Arvine «Petite Arvine» genannt, um sie von der Grosse Arvine abzugrenzen. Letztere wurde damals in den Weinbergen von Coquimpey und La Marque in Martigny verbreitet, welche im 17. Jahrhundert den Ruf hatten, die besten Weine im Wallis zu erzeugen. Man findet heute immer noch einige isolierte Rebstöcke in den Weinbergen von Martigny, Fully und Saillon, darunter eine mehrere Hundert Jahre alte Weinlaube in Saxé (Fully). Diese Weinberge sind sicherlich die Heimat der Grosse Arvine, auch wenn sie nicht die Heimat der Arvine sind.

Durch den DNA-Test konnte ich feststellen, dass die Grosse Arvine aus einer natürlichen Kreuzung zwischen der Rèze, einer der ältesten Rebsorten des Wallis, und einer unbekannten, möglicherweise verschwundenen Rebsorte stammt. Sie ist auch sehr wahrscheinlich eine natürliche Enkelin der Arvine, was ihren Namen begründen würde.

Etymologie

Ihr Name beruht auf der Ähnlichkeit mit Arvine, von der sie sich durch ihre größeren Beeren unterscheidet.

Rebfläche in der Schweiz

0,08 ha, nur in Fully (Wallis).

Weine

Im Laufe des 20. Jahrhunderts wurde die Grosse Arvine, die als derb, grob und anfällig gegen Rohfäule galt, in den Walliser Weinbergen aufgegeben. Im Jahr 2010 machten die Geschichte dieser Rebsorte sowie meine Genforschung den tatkräftigen Winzer und Einkellerer Olivier Pittet aus Fully neugierig und er entschied sich mutig dafür, diese wiederzubeleben. Nachdem er zusammen mit der landwirtschaftlichen Forschungsanstalt Agroscope und dem Office Cantonal de la viticulture (dem kantonalen Amt für Weinbau) die Weinberge von Martigny/Fully/Saillon durchforstet hatte, entdeckte Olivier Pittet sechzig Individuen in Form von Weinlauben oder isolierten Rebstöcken inmitten der Weinberge von Arvine. Die gesunden Pflanzen (die frei von Viren waren) wurden vermehrt und in Fully auf 500 m^2 angepflanzt. Der erste Jahrgang, der im Jahr 2014 produziert wurde, hat die Erwartungen erfüllt: Der Wein der Grosse Arvine bietet Aromen von geschnittenem Heu, weißem Pfirsich und Grapefruit mit einem starken, aber anregenden Säuregehalt und einer körnigen Struktur sowie einer leichten Bitterkeit im Abgang. Die Initiative von Olivier Pittet hatte Nacheiferer:

Grosse Arvine

Benoît Dorsaz pflanzte diese Rebsorte im Jahr 2012 in Fully, und der Zusammenschluss von Selbstkelterern in Fully ist nunmehr daran interessiert, sie ebenfalls anzubauen. Möglicherweise wird die Grosse Arvine in den Kreis jener Rebsorten aufgenommen, die unter dem AOC-Zertifikat zugelassen sind, und findet somit ihren Platz in ihrer Heimat Wallis.

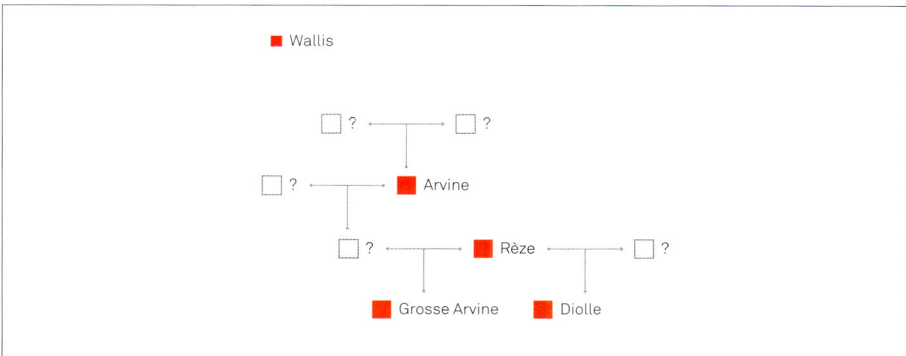

Die Grosse Arvine stammt aus einer natürlichen Kreuzung zwischen der Rèze und einer unbekannten Rebsorte, die vermutlich verschwunden ist. Durch den DNA-Test konnte ich zeigen, dass sie sehr wahrscheinlich eine Urenkelin der Arvine und eine Halbgeschwistersorte der Diolle ist, die beide aus dem Wallis stammen.

Anmerkung: Die Grosse Arvine könnte theoretisch auch die Mutter der Rèze sein, doch dies ist eher undenkbar, da diese bereits im Jahr 1313 erwähnt wurde, die Grosse Arvine hingegen erst 1812.

Herkunft
Verbreitung

Himbertscha

Kurzbeschreibung
Rarität des Oberwallis, angebaut von einem einzigen Produzenten, der diese vor dem Verschwinden bewahrt hat.

Hauptsynonyme
Himbrätscha.

Historisch-genetische Herkunft
Die Himbertscha ist eine seltene Rebsorte, welche in der Region Visp im Oberwallis heimisch ist, wo sie zum ersten Mal unter dem Namen Himpertscha im Jahr 1770 erwähnt wurde. Himbertscha galt im 20. Jahrhundert als verschwunden und wurde in den 1970er-Jahren von Josef Marie Chanton gerettet, der einige Rebstöcke davon in einem alten Weinberg des Weilers Esch bei Zeneggen entdeckt hatte. Durch den Vaterschaftstest konnte ich bestimmen, dass die Himbertscha aus einer natürlichen Kreuzung zwischen der Humagne, einer der ältesten Rebsorten des Wallis, und einer unbekannten, möglicherweise verschwundenen Rebsorte entstanden ist. Sie ist somit eine Halbgeschwistersorte der Lafnetscha.

Etymologie
Der Name Himbertscha hat nichts mit dem deutschen Wort Himbeere zu tun, sondern mit dem Wort *im Bercla*, einer mundartlichen Version des italienischen Wortes *pergola*, welches «Weinlaube» bedeutet und die traditionelle Anbaumethode dieser Rebsorte beschreibt.

Rebfläche in der Schweiz
0,27 ha in Varen und Esch (Oberwallis).

Weine
Bis vor Kurzem gab es nur einen Himbertscha-Wein weltweit, der von seinem Retter, der Kellerei Chanton in Visp, produziert wurde. Der Verein VinEsch hat diese Rebsorte zwischen 2010 und 2016 auf 400 m^2 angepflanzt. VinEsch ist im Jahr 2010 gegründet worden, um den historischen Rebberg des Weilers Esch bei Zeneggen zu retten, wo die Himbertscha gefunden wurde. Ihr Wein ist gekennzeichnet von Aromen von Glyzinie, Melone sowie Litschi und erinnert an Muskateller oder Gewürztraminer. Er hat eine natürlich hohe Säure und Noten von Moschus.

Himbertscha

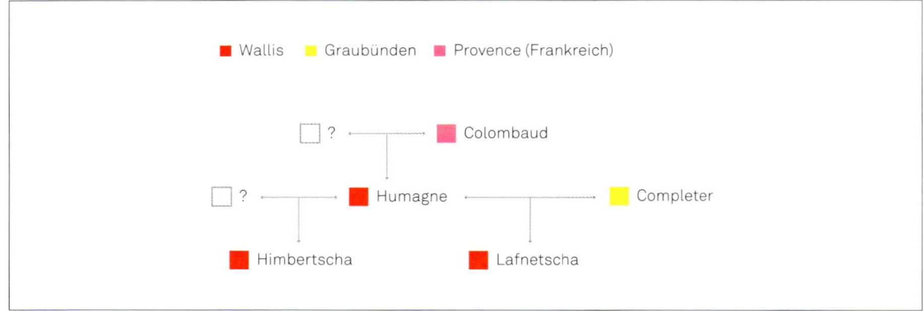

Die Himbertscha stammt aus einer natürlichen Kreuzung zwischen der Humagne und einer unbekannten, möglicherweise verschwundenen Rebsorte. Sie ist somit eine Enkelin der Colombaud aus der Provence und eine Halbgeschwistersorte der Lafnetscha aus dem Oberwallis.

Anmerkung: Die Himbertscha könnte theoretisch ebenso die Mutter der Humagne sein, sofern Colombaud das Kind wäre, aber dies ist eher unwahrscheinlich, da die Humagne bereits 1313 erwähnt wurde.

Herkunft
Verbreitung

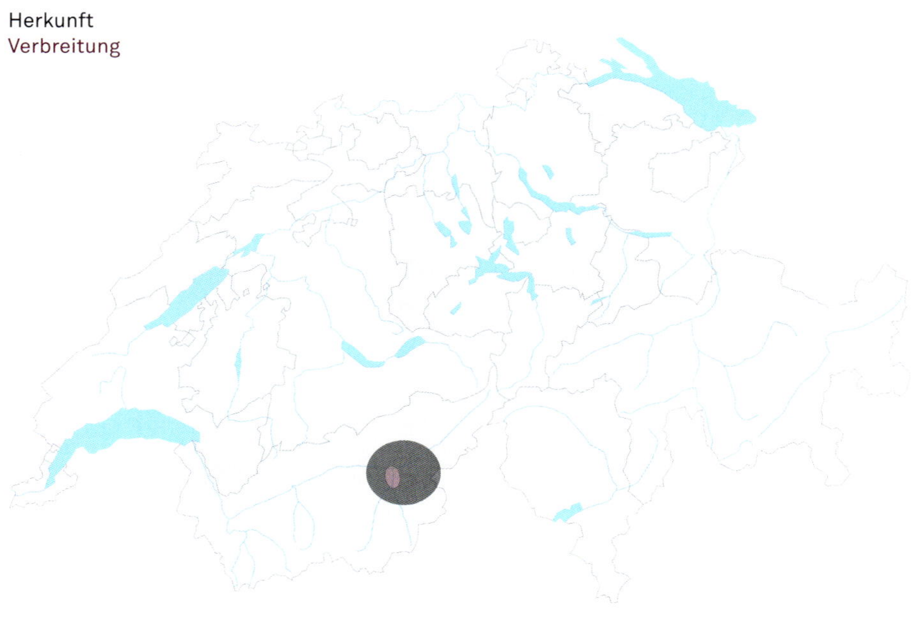

Hitzkircher

Kurzbeschreibung
Reliquie des Kantons Luzern, fast verschwunden.

Hauptsynonyme
Mörsch (Aargau), Grossblau.

Historisch-genetische Herkunft
Die Hitzkircher ist eine einheimische Rebsorte aus den Weinbergen von Aargau und Luzern und wurde zum ersten Mal im Jahr 1817 erwähnt. Damals war sie der Stolz dieser Weinberge, vor allem zwischen dem Hallwilersee (an der Grenze zwischen den Kantonen Aargau und Luzern) und dem Baldeggersee (Luzern). Hier könnte auch ihr Ursprung liegen, sie ist heute in dem Gebiet jedoch fast verschwunden. Durch den Vaterschaftstest konnte ich feststellen, dass die Hitzkircher aus einer natürlichen Kreuzung zwischen der Completer aus Graubünden und der Bondola aus dem Tessin stammt. Mit dem Wissen, dass Completer einst in den Kantonen Schaffhausen, Thurgau, Uri und Zürich verbreitet war und Bondola unter dem Namen Briegler in den Kantonen Zürich, Aargau, Luzern und Bern angebaut wurde, ist die Heimat der Hitzkircher damit nicht überraschend.

Etymologie
Der Name stammt von Hitzkirch, einem Dorf im Kanton Luzern zwischen dem Hallwilersee und dem Baldeggersee.

Rebfläche in der Schweiz
0 ha.

Weine
Bis 2009 hat die Rebbaugesellschaft von Hitzkirch einige Rebstöcke der Hitzkircher angebaut, deren Weinernte mit zahlreichen anderen Rebsorten vermischt wurde, um einen Assemblagewein – den Schiller – zu produzieren. Infolge einer Verlagerung der Reben ist die Hitzkircher knapp vor dem endgültigen Verschwinden verschont geblieben und besteht nun aus lediglich 25 Rebstöcken in der gesamten Schweiz, die in den Rebsortensammlungen aufbewahrt werden. In naher Zukunft plant der junge Winzer Noel Eichenberger, die Rebsorte seines Heimatdorfes wieder zum Leben zu erwecken und einen sortenreinen Wein herzustellen. Die ersten Mikrovinifikationen zeigen, dass der Hitzkircher-Wein sehr farbintensiv ist und einen sehr hohen Säuregehalt hat; aromatisch liegt er zwischen Pinot und Gamay.

Hitzkircher

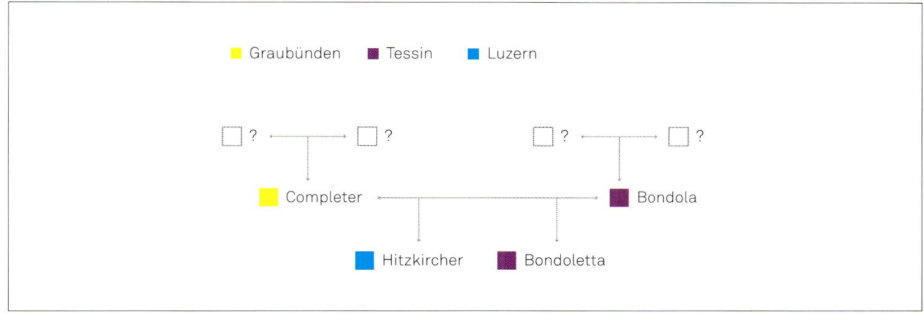

Die Hitzkircher stammt aus einer natürlichen Kreuzung zwischen Completer aus Graubünden und Bondola aus dem Tessin. Sie ist somit eine Geschwistersorte der Bondoletta aus dem Tessin.

Herkunft
Verbreitung

Humagne

Kurzbeschreibung
Eine der ältesten Rebsorten der Schweiz; es besteht keine Verbindung zur Humagne Rouge.

Hauptsynonyme
Humagne Blanc oder Humagne Blanche (Wallis), Miousat* oder Miousap oder Mioussat (Pyrénées-Atlantiques/Frankreich).

*DNA-Beweis

Historisch-genetische Herkunft
Anmerkung: Trotz ihrer vermuteten Herkunft aus den Pyrenäen ist diese Rebsorte, die in der Schweiz *sensu stricto* nicht als einheimisch angesehen werden kann, in diesem Werk aufgeführt, da sich ihre Kultur nur im Wallis befindet.

Als Walliser Spezialität ist die Humagne gemeinsam mit der Rèze eine der ältesten Rebsorten der Schweiz. Sie wurde zum ersten Mal im Jahr 1313 mit einem Vorkommen im Wallis erwähnt, und zwar in einer Sammlung von Pergamentrollen, dem *Registre d'Anniviers,* in denen eine Gebühr für reife «Humagny»- und «Regy»-Trauben, die aus den Weinbergen zwischen Siders und Lens stammten, verlangt wurde. Humagne und Rèze waren darüber hinaus die am weitesten verbreiteten Rebsorten im Wallis, bis sie durch Chasselas (oder Fendant) und andere Einführungen verdrängt wurden, wodurch sich ihre Fläche drastisch verringerte, was im 20. Jahrhundert beinahe zu ihrem Verschwinden führte. Erst seit Anfang des 20. Jahrhunderts sprechen wir von Humagne Blanc im Gegensatz zu Humagne Rouge (dem Walliser Namen für die Cornalin aus dem Aostatal), mit welcher Erstere keinerlei Verbindung hat. Durch den Vaterschaftstest konnte ich belegen, dass die Humagne im Oberwallis die seltenen Rebsorten Lafnetscha und Himbertscha gezeugt hat. Eine andere direkte Verwandtschaft mit der Colombaud aus der Provence konnte festgestellt werden. Diese Verbindung in den Süden Frankreichs schien so lange erstaunlich, bis die Humagne im Jahr 2007 von den französischen Kollegen mit dem DNA-Test identifiziert wurde. Sie ist im Département Pyrénées-Atlantiques im Südwesten Frankreichs unter dem Namen Miousat bekannt. Aufgrund ihres vermutlich aus dem Griechischen stammenden Namens und ihrer fehlenden Verbindung zur Mehrheit der alpinen Rebsorten ist es somit sehr gut möglich, dass die Humagne aus der Region von Marseille stammt (das im Jahr 600 v. Chr. von griechischen Seeleuten gegründet worden ist) und sich vor dem 14. Jahrhundert das Rhonetal aufwärts bis ins Wallis ausbreitete.

Etymologie
Der frei erfundene *Vinum humanum*, der manchmal mit dieser Rebsorte in Verbindung gebracht wird, hat nie existiert. Die wahrscheinlichste Etymologie leitet Humagne vom Griechischen ὑλομανέω ab, einem Verb, das «einen Kraftüberschuss haben» bedeutet – wie es bei dieser Rebsorte der Fall ist. Der Begriff könnte in *hylomaneus* latinisiert und später in Humagne französiert worden sein.

Rebfläche in der Schweiz
29,0 ha, nur im Wallis.

Humagne

Ampélographie
(Viala & Vermorel 1901–1910)

Humagne

Weine

Anders als die modernen Rebsorten verführt die Humagne durch ihre Feinheit, sofern ihre Erträge kontrolliert werden. Sie gibt hervorragende, trockene Gastronomie-Weine mit Noten von Lindenblüten sowie einer eleganten Textur, die mit der Zeit Aromen von Harz und eine leichte Tanninstruktur entwickeln. Da die Sorte ausschließlich im Wallis angebaut wird, sind die Produzenten, die ich empfehle (rhoneaufwärts): Cave La Rodeline in Fully, Defayes-Crettenand in Leytron, Bagnoud Vins in Flanthey, Histoire D'Enfer in Corin-de-la-Crête, Cave Mabillard-Fuchs in Venthône und zwei Kellereien in Salgesch: Albert Mathier & Fils und Cave du Rhodan/Mounir Weine.

Der Humagne-Wein wird oft als «Wein der Wöchnerinnen» bezeichnet, da er angeblich mehr Eisen als andere Rebsorten enthält. Diese These konnte durch eine chemische Untersuchung widerlegt werden, und es ist mittlerweile anerkannt, dass die belebenden Eigenschaften des Tranks zu früheren Zeiten eher von den Heilpflanzen herrührten, die mit dem Wein vermischt wurden.

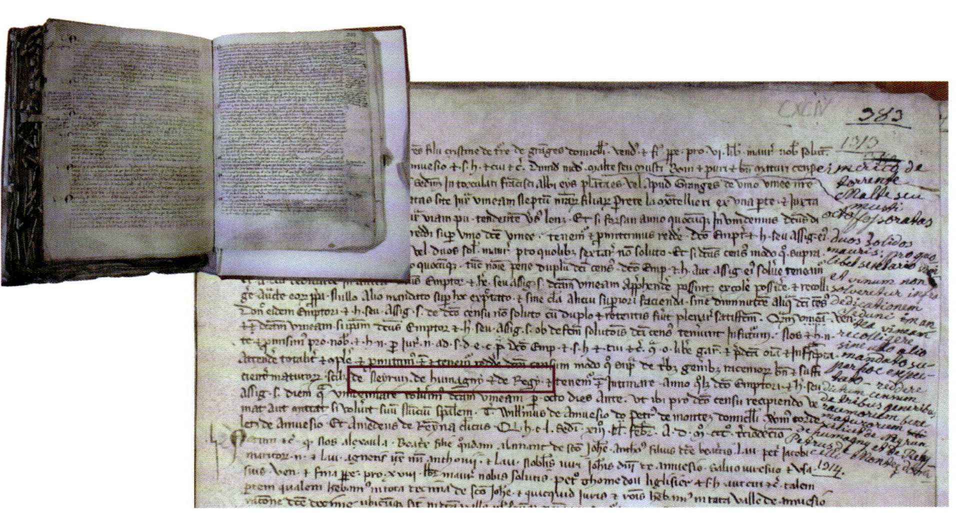

de Neyrun. de humagny + de Regy. +

Die erste Erwähnung von Rebsortennamen in der Schweiz findet sich im *Registre d'Anniviers*. Dieses nennt am 20. Januar 1313 in Bezug auf die Region Granges zwischen Sitten und Siders (Wallis) die Sorten Neyrun, Humagny und Regy. Auch wenn die Identität der Neyrun fragwürdig ist, so entsprechen die anderen beiden doch zweifelsfrei Humagne und Rèze, welche somit die ältesten Rebsorten der Schweiz sind. AEV, AVL 162. Foto: José Vouillamoz.

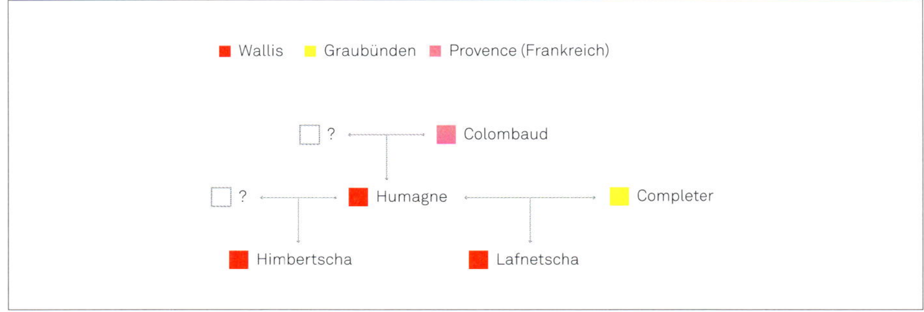

Die Humagne stammt aus einer natürlichen Kreuzung zwischen der Colombaud aus der Provence und einer unbekannten, vermutlich verschwundenen Rebsorte. Im Oberwallis sind aus ihr Himbertscha und Lafnetscha entstanden.

Anmerkung: Die Colombaud könnte auch ein Kind der Humagne sein.

Herkunft
Verbreitung

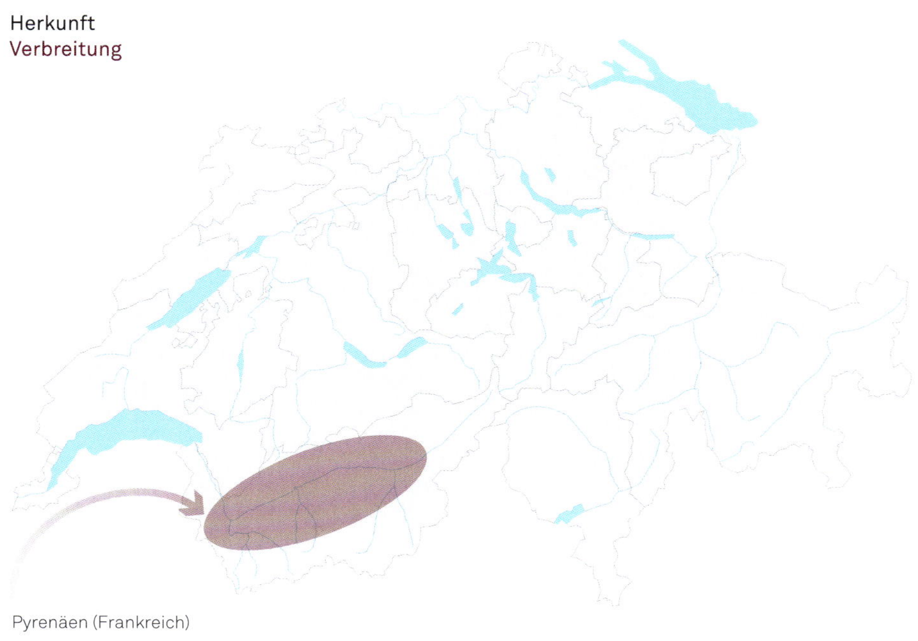

Lafnetscha

Kurzbeschreibung
Alte Rebsorte aus dem Oberwallis, die komplexe Weine hervorbringt und ein Reifungspotenzial hat.

Hauptsynonyme
Laffnetscha, Lafnätscha, Lavenetsch.

Historisch-genetische Herkunft
Die Lafnetscha ist eine Rarität des Oberwallis, wo sie zum ersten Mal im Jahr 1627 unter dem Namen Lachneschen erwähnt wurde. Sie wurde lange Zeit mit der Completer aus Graubünden verwechselt, bis es gelang, durch den DNA-Test zu belegen, dass es sich eigentlich um eine natürliche Kreuzung zwischen der Humagne aus dem Wallis und der Completer handelt, von der ich später alte Weinlauben in der Region von Visp entdecken konnte.

Etymologie
Ihr Name stammt von der mundartlichen Wendung *laff es nicht schon* (= trinke ihn nicht zu früh), die sich auf ihr Alterungspotenzial aufgrund ihres natürlich hohen Säuregehalts bezieht .

Rebfläche in der Schweiz
1,54 ha, nur im Oberwallis.

Weine
Die Weine der Lafnetscha bieten Noten von Nektarine und Holunderblüte, Kamille und Golden Delicious, haben eine dichte Struktur, einen hohen Säuregehalt und einen anhaltenden blumigen Abgang. Der wichtigste und berühmteste Produzent ist ohne Frage die Kellerei Chanton in Visp, die für den Erhalt dieser Rebsorte gekämpft hat. Nur drei andere Kellereien produzieren weltweit Lafnetscha-Weine, alle im Oberwallis: Gregor Kuonen und Cave Papillon in Salgesch sowie Horst und Silvia Schärer in Grindelwald, die Weinberge in Eggerberg gegenüber von Visp besitzen.

Lafnetscha

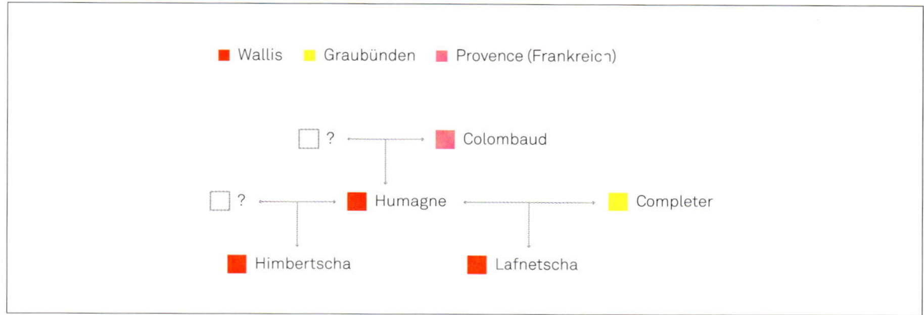

Die Lafnetscha stammt aus einer natürlichen Kreuzung zwischen der Humagne aus dem Wallis und der Completer aus Graubünden. Sie ist somit eine Enkelin der Colombaud aus der Provence (Frankreich) und eine Halbgeschwistersorte der Himbertscha.

Anmerkung: Es könnte auch umgekehrt sein, da die Colombaud auch ein Kind der Humagne sein könnte. In diesem Fall wäre Himbertscha theoretisch eine Elternsorte, was eher unwahrscheinlich wäre, da die Humagne vorher erwähnt wurde.

Herkunft
Verbreitung

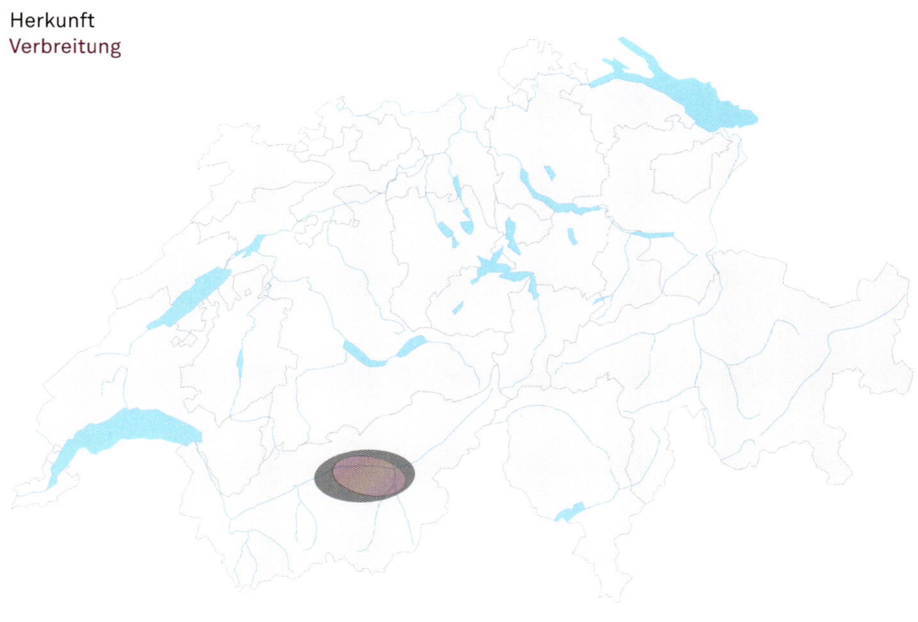

Räuschling

Kurzbeschreibung
Seltene Rebsorte mit deutscher Herkunft, die jedoch nur in der Schweiz überlebt hat.

Hauptsynonyme
Klöpfer (Rheinland-Pfalz/Deutschland), Offenburger (Rheinland-Pfalz), Räuschling Weiß, Reuschling, Ruchelin (Frankreich), Weißer Räuschling, Zürirebe (im Norden der Schweiz), Züriwiss (im Norden der Schweiz).

Historisch-genetische Herkunft
Anmerkung: Trotz ihres deutschen Ursprungs wird diese Rebsorte, die in der Schweiz nicht als einheimisch angesehen werden kann, in das vorliegende Werk einbezogen, da sich ihre Kultur heutzutage ausschließlich in der Schweiz befindet.

Räuschling ist eine alte Rebsorte, die ihren Ursprung im deutschen Rheintal hat, wo sie im Jahr 1546 möglicherweise zum ersten Mal unter dem alten Namen Drutsch erwähnt wurde. Sie wurde im Mittelalter in den Regionen Rheinland-Pfalz und Baden-Württemberg sowie im Elsass (Frankreich) und im Norden und Westen der Schweiz angebaut – Letztere ist die einzige Region, in der sie überlebt hat.

Durch den Vaterschaftstest konnte ich belegen, dass die Räuschling aus einer natürlichen Kreuzung zwischen der Gouais Blanc aus dem Nordosten Frankreichs (oder Südwesten Deutschlands) und der Savagnin aus dem Osten Frankreichs entstanden ist. Eine Farbmutation, Räuschling Rot genannt, existiert seit dem 18. Jahrhundert.

Etymologie
Der Name Räuschling könnte von «Rauschen» stammen – dem Geräusch des Windes, der durch sehr dichtes Laub weht – oder von Russling, basierend auf dem altdeutschen Wort *Rus* für dunkles Holz, das sich auf die Farbe der Weinranken bezieht.

Rebfläche in der Schweiz
22,8 ha, nur in der Deutschschweiz, hauptsächlich im Kanton Zürich (17,5 ha).

Weine
Seit langer Zeit wird die Räuschling nur im Nordosten der Schweiz angebaut, vor allem im Kanton Zürich. Sie gibt leichte Weine mit Noten von Zitrusfrüchten und hat in der Regel einen hohen Säuregehalt. Das Weingut Schwarzenbach in Meilen am Rande des Zürichsees stellt zweifelsfrei einen der besten Räuschling-Weine her und demonstriert auf brillante Weise dessen eindrucksvolles Reifungspotenzial. Die Jahre der Lagerung lassen den Wein immer mehr an einen Riesling erinnern. Weitere bemerkenswerte Produzenten sind das Weingut Pircher in Eglisau und das Weingut Erich Meier in Uetikon am See (Zürich) sowie WeinStamm in Thayngen (Schaffhausen). Die rote Mutation Räuschling Rot wird zum Beispiel vom Weingut Hasenhalde in Meilen (Zürich) zu Wein verarbeitet.

Räuschling

Ampélographie
(Viala & Vermorel, 1901–1910)

Räuschling

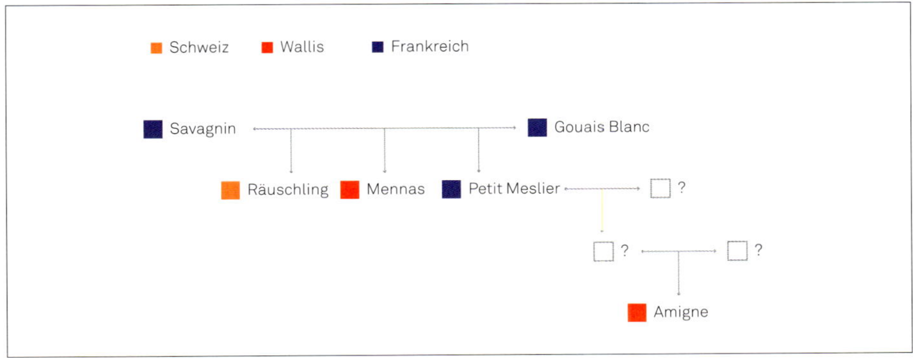

Die Räuschling stammt aus einer natürlichen Kreuzung zwischen der Savagnin aus dem Jura und der Gouais Blanc aus dem Nordosten Frankreichs (oder Südwesten Deutschlands). Sie ist somit eine Geschwistersorte der Mennas aus dem Wallis und der Petit Meslier aus Franche-Comté (Frankreich). Letztere ist die Großmutter der Amigne aus dem Wallis.

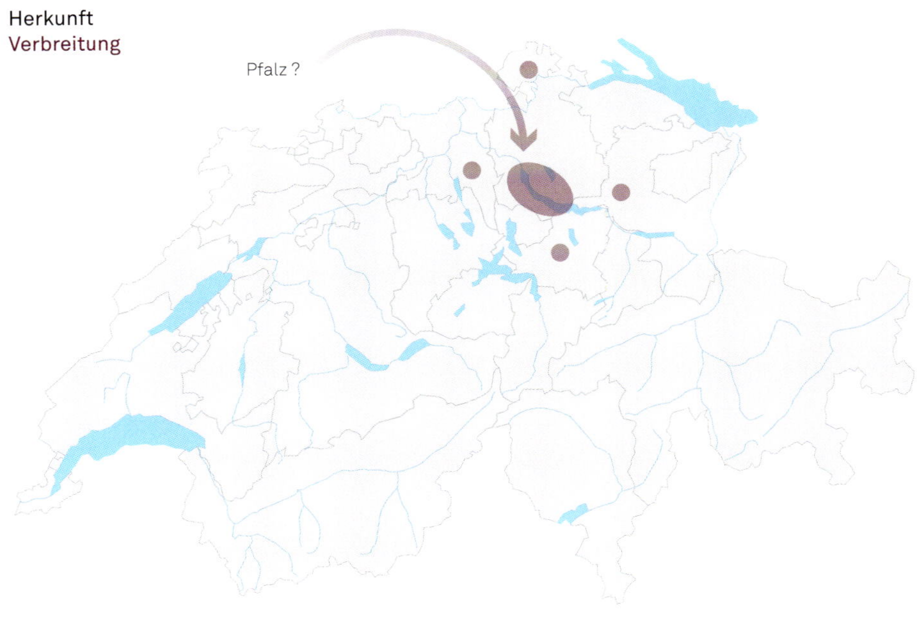

Rèze

Kurzbeschreibung

Die alpine Rebsorte schlechthin, früher im gesamten Alpenraum verbreitet, heute eine exklusive Rarität des Wallis.

Hauptsynonyme

Blanc de Maurienne* oder Blanc de l'Évêque (Savoyen in Frankreich), Resi (Oberwallis).

* nach DNA-Beweis

Historisch-genetische Herkunft

Die Rèze gehört zusammen mit der Humagne zu den ältesten Rebsorten der Schweiz; sie wurde im Jahr 1313 zum ersten Mal mit einem Vorkommen im Wallis in einer Sammlung von Pergamentrollen, dem *Registre d'Anniviers*, erwähnt, in denen eine Abgabe für reife Trauben der «Humagny» und der «Regy» gefordert wurde (s. Abbildung S. 83). Die Rèze war damals eine der meistverbreiteten Rebsorten im Wallis, bevor sie durch Chasselas (oder Fendant) sowie andere leichtere und produktivere Rebsorten, die Ende des 19. Jahrhunderts eingeführt wurden, verdrängt wurde.

Noch bis vor Kurzem war die Rèze nur im Wallis bekannt, aber im Jahr 2008 wurde ich von den Brüdern Grisard aus Fréterive in Savoyen verständigt, die eine unbekannte Rebsorte im Maurienne-Tal identifizieren wollten, welche den Beinamen Blanc de Maurienne oder Blanc de l'Évêque (zu Deutsch «Weißer des Bischofs») trug, da man den Wein beim Besuch des Bischofs servierte. Zu meiner großen Verwunderung konnte ich feststellen, dass es sich dabei um die Rèze handelte! Nach dieser genetischen Entdeckung haben Michel Grisard und ich die Region durchforstet und ungefähr zehn alte Weinlauben der Rèze in Savoyen entdeckt, von denen manche heutzutage leider verschwunden sind. Im gleichen Zeitraum hat Gaël Delorme die Sorte im französischen Jura ebenfalls entdeckt. Durch den Vaterschaftstest entdeckte ich sechs natürliche Kinder der Rèze: Diolle und Grosse Arvine im Wallis, Poulsard Noir im französischen Jura, Cascarolo Bianco im Piemont (Italien) sowie Groppello di Revò und Nosiola im Trentino (Italien). Die Rèze war somit früher in einem großen Teil des Alpenraums verbreitet, bevor ihre Anbaufläche reduziert wurde.

Etymologie

Die gängigste Annahme ist, dass der Name Rèze vom Wort *Raetica* lateinischer Autoren stammt, welcher zur Römerzeit der am weitesten verbreitete Name für weiße Trauben in Norditalien war. Nun ist es aber nicht möglich, die beschriebenen Rebsorten im Einzelnen ausdrücklich bei Autoren aus der Römerzeit festzustellen, und daher scheint es mir die plausibelste Etymologie zu sein, den Namen Rèze von dem Familiennamen Regis abzuleiten, der im mittelalterlichen Wallis verbreitet war.

Rebfläche in der Schweiz

2,5 ha, nur im Wallis.

Rèze

Ampélographie
Viala & Vermorel (1901–1910)

Rèze

Weine

Die Rèze-Weine haben Aromen von Stachelbeere, grünem Apfel und Holunderblüte, eine belebende Säure sowie einen harzigen Geschmack, der sich mit der Reife entwickelt, und eine leichte Struktur. Bis zum Ende des 19. Jahrhunderts war die Rèze eine der am weitesten verbreiteten Rebsorten des Wallis. Darüber hinaus hat man mit ihr den berühmten Gletscherwein im Val d'Anniviers hergestellt, einen traditionellen, oxidativen Wein, dessen Fässer nur einmal im Jahr gefüllt wurden. Die Rèze ist heutzutage zu einer Rarität geworden, die nur von einigen begeisterten Produzenten zu Wein verarbeitet wird. Meiner Ansicht nach gibt es 16 Produzenten, die ihn sortenrein herstellen (rhoneaufwärts): Cave des Vignerons/Famille Thétaz in Fully, Cave Marc-André Rossier in Saillon, Domaine du Grand-Brûlé in Leytron, Phusis/Steve Bettschen in La Sallaz (Waadt, Weinberg in Chamoson), Domaine de l'École cantonale d'agriculture in Châteauneuf, Cave Antoine et Christophe Bétrisey in Saint-Léonard, Cave Jules Duc et Fils in Ollon-Chermignon, Cave du Vieux Village/Jean-Pierre et Marc Monnet in Noës, Cave les Sentes/Serge Heymoz und Château de Ravire in Siders, Cave des Trois Baies/Marc-André Salamin in Veyras, Fernand Cina in Salgesch, Chanton Kellerei in Viège, Terbiner Weinkeller und St. Jodern Kellerei in Visperterminen und Vin du Mur in Brig-Glis.

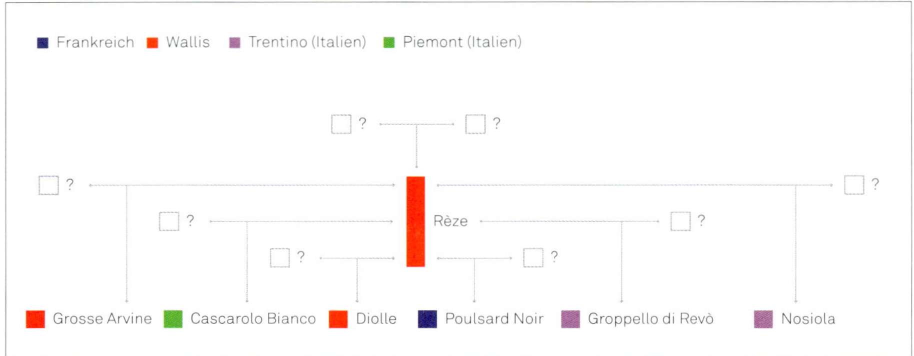

Die Rèze ist eine sehr alte, verwaiste Rebsorte, die durch mehrere natürliche Kreuzungen mit verschiedenen unbekannten (vermutlich verschwundenen) Rebsorten die Grosse Arvine und die Diolle im Wallis, die Cascarolo Bianco im Piemont (Italien), die Poulsard Noir im Jura (Frankreich) sowie die Groppello di Revò und die Nosiola in Trentino (Italien) erschaffen hat.

Anmerkung: Es ist theoretisch auch möglich, dass eine der sechs Rebsorten eine Elternsorte der Rèze ist, aber diese wurde im Jahr 1313 erwähnt, während die anderen erst später auftraten.

Herkunft
Verbreitung

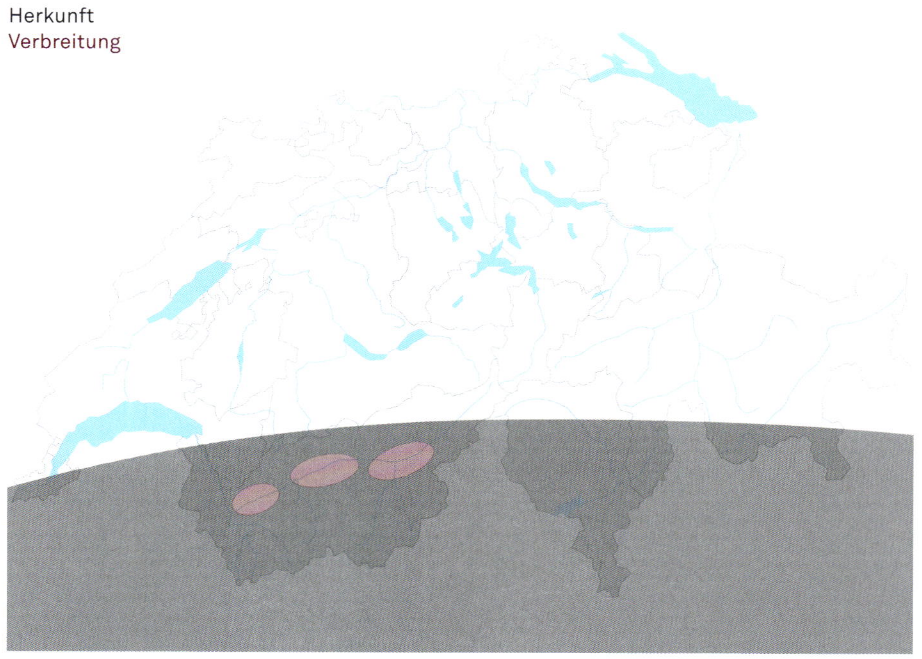

Rouge de Fully

Kurzbeschreibung
Rarität der Region Martigny, Fully und Saillon im Wallis, bekannt unter dem Namen Durize, vermutlich im Aostatal beheimatet.

Hauptsynonyme
Durize.

Historisch-genetische Herkunft
Anmerkung: Trotz ihrer vermuteten Herkunft aus dem Aostatal wird diese Rebsorte, die in der Schweiz nicht als einheimisch betrachtet werden kann, in dieses Werk aufgenommen, da sich ihre Kultur heutzutage ausschließlich im Wallis befindet.

Rouge de Fully ist eine seltene, einheimische Rebsorte aus der Gegend von Martigny-Saillon im Wallis. Sie wurde zum ersten Mal im Jahr 1615 in Saillon unter ihrem Dialektnamen Durize erwähnt. Im 19. Jahrhundert bedeckte sie fast die Hälfte der Rebfläche von Fully.

Ich konnte ihre Eltern durch den DNA-Test nicht ausfindig machen; somit ist Rouge de Fully eine Waise. Dagegen konnte ich aufdecken, dass diese Rebsorte sehr wahrscheinlich eine Enkelin der Roussin aus dem Aostatal und eine Urenkelin der Rouge du Pays ist.

Etymologie
Der Ursprung des Namens Rouge du Fully spricht für sich; ihr Dialektname Durize kommt vom Lateinischen *dūracinus* , das aus *dūrus* (hart) und *acinus* (Beere) zusammengesetzt ist und sich auf die dicke Haut der Trauben bezieht.

Rebfläche in der Schweiz
0,6 ha, nur in der Region Fully-Saillon im Wallis.

Weine
Die Rouge de Fully wird heutzutage ausschließlich in den Dörfern Fully und Saillon (Wallis) angebaut. Die Weine sind leicht rauchig, manchmal würzig, mit Aromen von Erdbeere und Brombeere, rustikalen Tanninen und einer klaren Säure. Nur ein Dutzend Produzenten stellen daraus sortenreine Weine her; meines Wissens sind das: André Roduit et Fils, Cave des Vignerons/Famille Thétaz, Henri Valloton, Cave Les Follatterres/Samuel Roduit, Cave chez Brac/Béatrice et Jean-Claude Brochellaz und Cave Vuignier in Fully, Phusis/Steve Bettschen in La Sallaz (Waadt, Weinberg in Fully), Escaliers de la Dame in Saxon (Weinberg in Fully), Pierre-Antoine Crettenand und Jean-Yves Crettenand in Saillon, Domaine du Grand-Brûlé in Leytron, Domaine de l'École cantonale d'agriculture in Châteauneuf.

Rouge de Fully

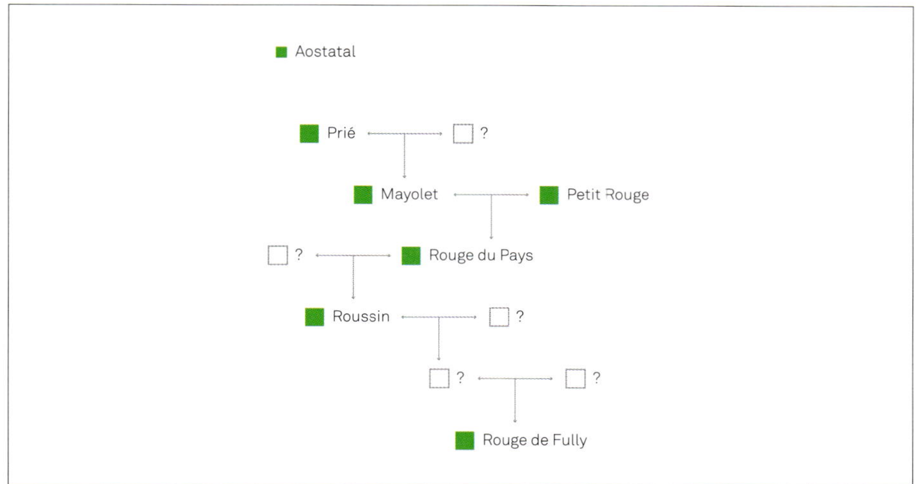

Die Rouge de Fully ist eine verwaiste Rebsorte, aber der DNA-Test hat ergeben, dass sie vermutlich die Enkelin der Roussin aus dem Aostatal ist. Somit ist sie eine Urenkelin der Rouge du Pays (oder der Cornalin aus dem Wallis) und eine Ururenkelin der Petit Rouge und der Mayolet aus dem Aostatal.

Anmerkung: Die Rouge de Fully könnte theoretisch auch eine Nichte, eine Halbgeschwistersorte oder eine Großmutter der Roussin sein.

Herkunft
Verbreitung

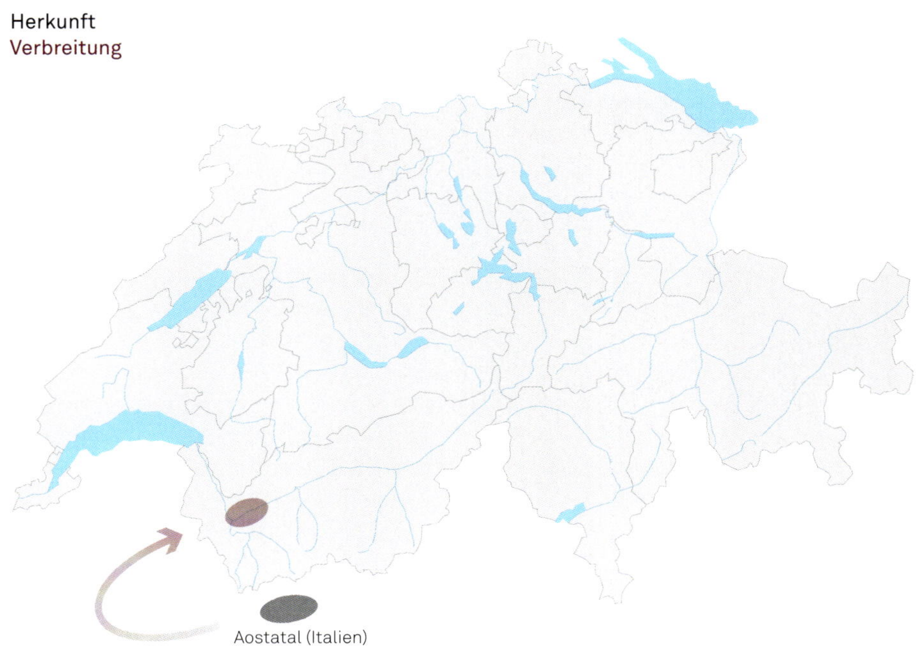

Rouge du Pays

Kurzbeschreibung

Typische Rebsorte des Wallis, ursprünglich aus dem Aostatal, ausschließlich im Wallis angebaut. Am häufigsten kommt sie unter dem entliehenen Namen Cornalin vor, obwohl sie sich von der Cornalin aus dem Aostatal unterscheidet.

Hauptsynonyme

Cornalin* oder Cornalin du Valais, Landroter (Oberwallis), Rouge du Valais.

* nach DNA-Beweis

Historisch-genetische Herkunft

Anmerkung: Trotz ihres Ursprungs im Aostatal wird diese Rebsorte, die in der Schweiz nicht als einheimisch angesehen werden kann, in dieses Buch aufgenommen, da sich ihre Kultur heutzutage ausschließlich im Wallis befindet.

Die Rouge du Pays ist eine der ältesten roten Rebsorten, die im Wallis angebaut werden, wie die mehrere Jahrhunderte alten Weinlauben in Leuk, Ollon (Lens), Ardon, Turtmann oder auch in Visperterminen beweisen. Zuerst im Jahr 1878 erwähnt, zählt sie möglicherweise zu den Rebsorten, die zuvor schlichtweg «die Roten» genannt wurden. Im Gegensatz dazu gibt es keine Hinweise darauf, dass Rouge du Pays als die rätselhafte Rebsorte *neyrun* identifiziert werden könnte, die im Jahr 1313 neben der Rèze und der Humagne im *Registre d'Anniviers* erwähnt wurde (s. Abbildung S. 83). Ab Mitte des 19. Jahrhunderts wurde die Rouge du Pays von Pinot Noir und Gamay verdrängt, die deutlich einfacher zu kultivieren sind als diese wenig ergiebige und empfindlich auf Magnesiummangel reagierende Rebsorte. Im 20. Jahrhundert ist die Rouge du Pays nur knapp dem Verschwinden entronnen, sodass Ende der 1960er-Jahre lediglich noch fünf Weinberge existierten. Die Sorte wurde Anfang der 1970er-Jahre zurückgewonnen und im Jahr 1972 absichtlich in Cornalin umbenannt – dabei handelt es sich um den Namen einer Rebsorte aus dem Aostatal (die darüber hinaus im Wallis Humagne Rouge genannt wird). Dieser Fehler in der Ampelografie hat zu Verwirrung geführt, da der Anbau der echten Cornalin im Aostatal, die das Vorrecht für die Nutzung des Namens hat, wieder ansteigt. Aus diesem Grund bevorzuge ich die Verwendung des historischen Namens Rouge du Pays.

Dank des Vaterschaftstests konnte ich die Eltern der Rouge du Pays aufdecken: Sie entstammt einer natürlichen Kreuzung zwischen der Petit Rouge und der Mayolet aus dem Aostatal, zwei Rebsorten, die oft in den gleichen Weinbergen angebaut wurden, beispielsweise in dem berühmten Weinanbaugebiet von Torrette. Rouge du Pays ist im Aostatal entstanden und vor mehreren Jahrhunderten möglicherweise über den Großen St. Bernhard in das Wallis eingeführt worden. Auch wenn sie heute aus dem heimischen Aostatal verschwunden ist, hat sie doch ihre Spuren hinterlassen: Durch den DNA-Test konnte ich zeigen, dass Rouge du Pays ein Elternteil der Roussin, der Neret di Saint-Vincent und der Cornalin ist – daher ist die Verwendung der ampelografisch gültigen Namen so wichtig.

Rouge du Pays

Etymologie
Trivial.

Rebfläche in der Schweiz
135,7 ha, fast ausschließlich im Wallis, am häufigsten unter dem nicht legitimen Namen Cornalin.

Wein
Diese schwer anzubauende Rebsorte kann hochwertige Weine hervorbringen, wenn ihre Erträge gut bewältigt werden. Die Weine bieten Aromen von schwarzer Kirsche, Veilchen und Himbeere, dichte und seidige Tannine sowie einen Hauch Bitterkeit im Abgang. Bei den Produzenten empfehle ich unter anderen (rhoneaufwärts): Defayes & Crettenand in Leytron, Sélection Excelsus/Jean-Claude Favre in Chamoson, Domaine Jean-René Germanier in Vétroz, Cave La Madeleine/André Fontannaz und Cave Arte Vinum/Ferdinand Bétrisey in Vétroz, Cave

Ampélographie
(Viala & Vermorel, 1901–1910)

Rouge du Valais

La Romaine/Joël et Edith Briguet in Flanthey, Anne-Catherine et Denis Mercier, Domaine des Muses/Robert Taramarcaz sowie Cave Maurice Zufferey in Siders, Cave des Champs/Claudy Clavien in Miège, Nouveau Salquenen/Adrian & Diego Mathier in Salgesch, Vin d'Oeuvre in Leuk.

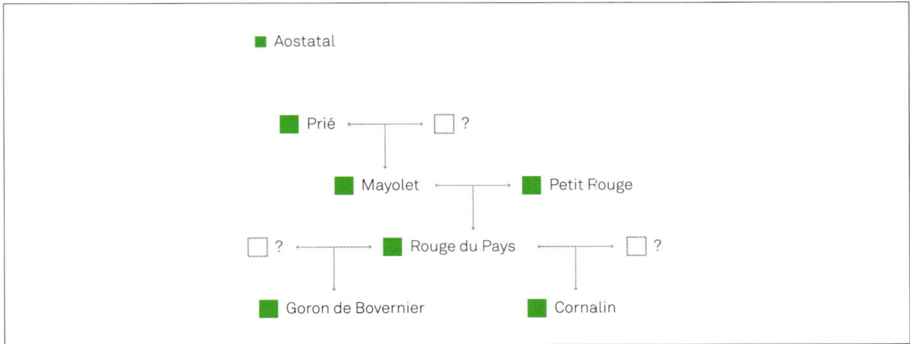

Die Rouge du Pays ist eine natürliche Kreuzung zwischen der Mayolet und der Petit Rouge aus dem Aostatal. Sie ist somit eine Enkelin (oder Halbgeschwistersorte) der Prié aus dem Aostatal. Die Rouge du Pays hat mehrere im Aostatal einheimische Rebsorten gezeugt, darunter die Goron de Bovernier und die Cornalin.

Herkunft
Verbreitung

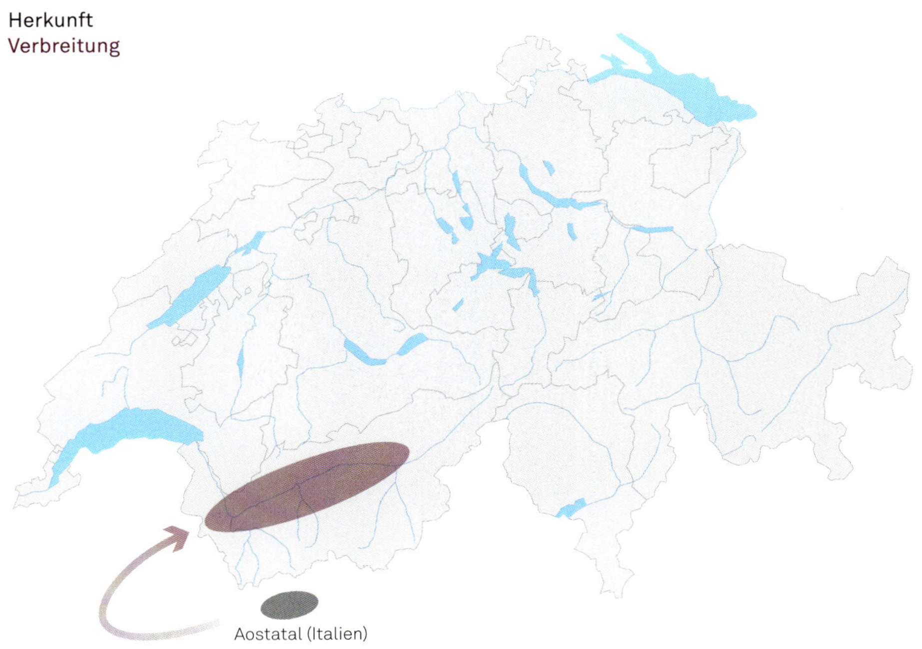

Schwarzer Erlenbacher

Kurzbeschreibung
Äußerst seltene Rarität aus der Region Zürichsee.

Hauptsynonyme
Erlibacher, Großroter (Luzern).

Historisch-genetische Herkunft
Schwarzer Erlenbacher ist eine alte Rebsorte der Ostschweiz, die früher in beachtlichem Umfang in den Kantonen St. Gallen, Aargau, Schwyz und Luzern angebaut wurde. Zum ersten Mal erwähnt wurde sie im Jahr 1820, aber sie ist möglicherweise viel älter. Man hielt sie für identisch mit der Gänsfüßer aus Rheinland-Pfalz in Deutschland sowie mit der Hitzkircher aus Luzern, aber ich konnte diese Annahmen durch den DNA-Test widerlegen. Dieser konnte ihre Eltern nicht ausfindig machen, womit sie eine Waise ist.

Etymologie
Die Sorte ist benannt nach dem Dorf Erlenbach (Zürich) in der Nähe des Zürichsees.

Rebfläche in der Schweiz
0,3 ha, nur in Erlenbach (Zürich).

Weine
Heutzutage fast verschwunden, gibt Schwarzer Erlenbacher aufgrund ihrer späten Reife und ihrer hohen Produktivität Weine mit einem hohen Säuregehalt. Die Weine sind kaum tanninhaltig und zeigen Aromen von schwarzen Oliven und getrockneten Feigen. Nur Markus Weber vom Weingut Turmgut in Erlenbach bewahrt noch einige Rebstöcke auf, aus denen er mindestens bis 1995 sortenreine Weine hergestellt hat.

Schwarzer Erlenbacher

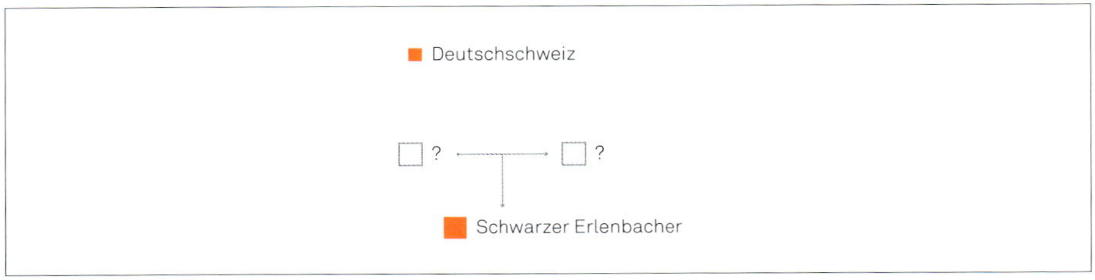

Schwarzer Erlenbacher ist eine verwaiste Rebsorte.

Herkunft
Verbreitung

Andere anekdotische Rebsorten

Es gibt noch einige unbedeutende Rebsorten, die man bis zum Beweis des Gegenteils als Kulturerbe der Schweiz ansehen kann, da ihre Herkunft in den meisten Fällen unbekannt ist. Ihre Fantasienamen sind keinesfalls offiziell und werden hier nur zu Informationszwecken genannt:

- Blanc des Hombes: Weiße Rebsorte, die seit den 2000er-Jahren im Wallis von Olivier Pittet in Fully, von Jean-Laurent Spring in Flanthey (an einem Ort namens Les Hombes) und in Granges sowie von Josef-Marie Chanton in Lalden entdeckt wurde, was auf eine alte, verlorengegangene Kultur hindeutet. Alle Rebstöcke wurden durch meine DNA-Analyse bestätigt.
- Rouge des Hombes: Rote Rebsorte, die in den 2000er-Jahren von Jean-Laurent Spring in Flanthey (Wallis, an einem Ort namens Les Hombes) und im Jahr 2012 von Josef-Marie Chanton und mir in Esch bei Zeneggen (Oberwallis) entdeckt wurde, was auf eine alte, verlorengegangene Kultur hinweist. Alle Rebstöcke wurden durch meine DNA-Analyse bestätigt. Die Sorte erhielt vom Verein www.vinesch.ch den Beinamen VinEsch Roter.
- Inconnu de Branson: Weiße Rebsorte, die in den 2000er-Jahren an drei verschiedenen Orten in Fully (Wallis) von Olivier Pittet entdeckt wurde, was auf eine alte, verlorengegangene Kultur hinweist. Sie ist eine mögliche natürliche Kreuzung zwischen der Rèze und der Humagne, also eine alte, vergessene Rebsorte.
- Inconnu de Salo/Fully: Weiße, unbekannte Rebsorte, die in den 2000er-Jahren von Olivier Pittet und Jean-Laurent Spring an zwei Orten in Fully (Wallis) entdeckt wurde, was auf eine alte, verlorengegangene Kultur hindeutet.
- Findling von Muhen: Weiße, unbekannte Rebsorte, gefunden in Muhen (Aargau) von Marcel Aeberhard. Der DNA-Test zeigte, dass es sich um einen der zahlreichen Nachkommen der Gouais Blanc handelt – einer alten, mittelalterlichen Rebsorte, die heutzutage fast verschwunden ist.
- Marchisana: Rote, unbekannte Rebsorte, die in Minusio (Tessin) von Stefano Haldemann entdeckt wurde.
- Bianco di Minusio Haldemann: Weiße, unbekannte Rebsorte, die in Minusio (Tessin) von Stefano Haldemann entdeckt wurde.
- Bianco di Minusio Ronchetti: Weiße, unbekannte Rebsorte, die in Minusio (Tessin) von Stefano Haldemann entdeckt wurde. Er hatte ihr ursprünglich den irreführenden Namen Bondola Bianca gegeben, obwohl sie keine Verbindung zur Bondola hat.
- Moscato di Tenero: Rote, unbekannte Muskat-Rebsorte, die in Gordola von Stefano Haldemann entdeckt wurde und auch Muscat Précoce de Gordola genannt wird.

Die Schweizerische Kommission für die Erhaltung von Kulturpflanzen (SKEK) studiert derzeit ihre eigenen und viele andere Rebsorten im Rahmen des Nationalen Aktionsplans zur Erhaltung und nachhaltigen Nutzung der pflanzengenetischen Ressourcen für Ernährung und Landwirtschaft (NAP-PGREL).

Doral

KAPITEL 2

KREUZUNGEN

Seit Beginn des 19. Jahrhunderts werden gezielte Kreuzungen von Reben durchgeführt. Dies ist ein schwieriger Vorgang, da die Blüte der Rebe kastriert werden muss: Man beginnt damit, den «Deckel», der von den zusammengewachsenen Blütenblättern geformt wird, zurückzuziehen; dann schneidet man die Staubgefäße ab, bevor der Pollen herangereift ist. Man wählt dann den Pollen einer Pflanze (des Vaters) aus und setzt ihn von Hand auf den Stempel der vorher kastrierten Pflanze (der Mutter). Nach dieser manuellen Befruchtung enthalten die entstehenden Beeren zwischen einem und vier Kerne. Anschließend pflanzt man alle erhaltenen Kerne an – das können je nach Kreuzungsprogramm mehrere Hundert bis mehrere Tausend sein. Diese erzeugen verschiedene Individuen, die allesamt Geschwistersorten mit unterschiedlichen Merkmalen sind.

Ab dem dritten Jahr beginnt die Rebe, Trauben zu produzieren. In einer ersten Auswahlphase anhand der landwirtschaftlichen Eigenschaften, vor allem der Krankheitsresistenz, können mehr als 95 Prozent der Individuen ausgesondert werden. Anschließend werden die potenziell interessanten und den gesetzten Zielen entsprechenden Kandidaten einer ersten Vermehrung mit 5 bis 20 Rebstöcken pro Kandidat unterzogen, um deren önologisches Potenzial testen zu können (Mikrovinifikation). Schließlich kann nach einer Reihe von Tests unter verschiedenen bodenklimatischen Bedingungen eine neue Rebsorte auf den Markt gebracht werden. Die Dauer zwischen der ersten Kreuzung und der Markteinführung liegt in der Regel bei etwa 20 Jahren. Neuerdings konnte dieser Zeitraum dank der Verwendung von genetischen Markern, vor allem im Rahmen der Auswahlprogramme von neuen, pilzresistenten Rebsorten, zu einem Großteil verkürzt werden.

Rebenzüchtung bei Agroscope

Die landwirtschaftliche Forschungsanstalt Agroscope arbeitet seit 1965 daran, neue Rebsorten zu züchten, die den Bedürfnissen des Schweizer Weinbausektors entsprechen. Dabei ist es das Ziel, Rebsorten zu schaffen, die an die verschiedenen bodenklimatischen Gegebenheiten der Schweiz angepasst sind, gute Krankheitsresistenzen (vor allem gegenüber der Rohfäule, *Botrytis cinerea*) aufweisen und hohe önologische Qualitäten bieten. In den Jahren zwischen 1990 und 2017 wurden 13 neue Rebsorten, die aus Kreuzungen europäischer Rebsorten stammen, amtlich anerkannt. Diese sind, in chronologischer Reihenfolge seit ihrer Markteinführung: Gamaret (1990), Garanoir (1990), Charmont (1993), Diolinoir (1998), Doral (2004), Carminoir (2006), Galotta (2009), Mara (2012), Cabernello (2016), Merello (2016), Gamarello (2016), Cornarello (2016) und Nerolo (2016). Die fünf Letzten, die erst vor Kurzem anerkannt wurden, werden hier nicht näher beschrieben, da ihre Anfänge in den Schweizer Weinbergen erst vier bis fünf Jahre zurückliegen. Diese neuen Errungenschaften bedeckten im Jahr 2016 insgesamt 870,7 ha, das sind 6 Prozent der Rebfläche der Schweiz.

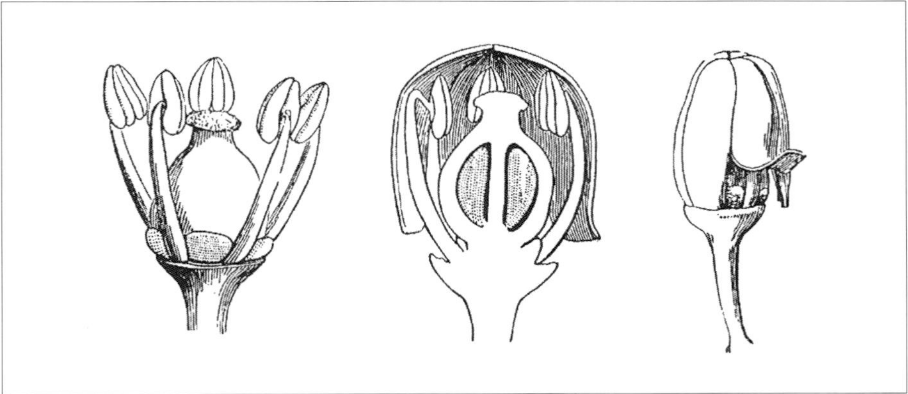

Um eine gezielte Kreuzung durchzuführen, muss man manuell an der Blüte der Rebe den Deckel, der von zusammengewachsenen Blütenblättern gebildet wird, entfernen (rechts in der Abbildung), dann die Staubgefäße (den männlichen Teil der Blüte, also die überstehenden Fasern in einem Pollensack, links in der Abbildung) abschneiden, um nur den Stempel (den weiblichen Teil der Blüte) zu erhalten, der dann von dem Pollen einer anderen Rebsorte bestäubt werden kann. Jeder Kern (in der Regel einer bis vier pro Blüte), der aus dieser Kreuzung stammt, bildet eine neue eigene Rebsorte.

Carminoir

Kurzbeschreibung
Am ähnlichsten der Cabernet Sauvignon und der Pinot.

Historisch-genetische Herkunft
Die Carminoir stammt aus einer Kreuzung der Pinot Noir mit der Cabernet Sauvignon. Diese erzielte André Jaquinet 1982 und sie wurde im Jahr 2006 amtlich anerkannt. Das Ziel der Züchtung war es, eine gegen Fäulnis (*Botrytis cinerea*) resistente Rebsorte zu schaffen, die genauso vollmundig ist wie die Pinot.

Etymologie
Schachtelwort, das auf der karminroten Farbe und dem Attribut in Pinot Noir beruht.

Rebfläche in der Schweiz
11,2 ha, hauptsächlich im Wallis (7,3 ha) und im Tessin (2,6 ha).

Weine
Die Carminoir reift nur an den besten Standorten der Schweiz vollständig, das sind die Orte, an denen Cabernet Sauvignon seine volle Reife erreicht. Die Weine der Carminoir, die in der Regel in Eichenfässern heranreifen, haben eine kräftige Farbe, sind vollmundig mit passablen Tanninen und bieten Aromen von Trockenpflaumen, Gewürzen und Holunder. Im Wallis werden sortenreine Weine beispielsweise von Cave du Paradou in Nax, Cave La Tornale und Cave Jean-Camille Juilland in Chamoson produziert. Das Weingut Le Satyre in Begnins (Waadt) stellt ebenfalls sortenreine Weine her, während der Wein im Tessin in der Regel mit Merlot verschnitten wird, obwohl er manchmal den größeren Anteil bildet, wie bei San Matteo in Cagiallo und bei Tenuta Pian Marnino in Gudo.

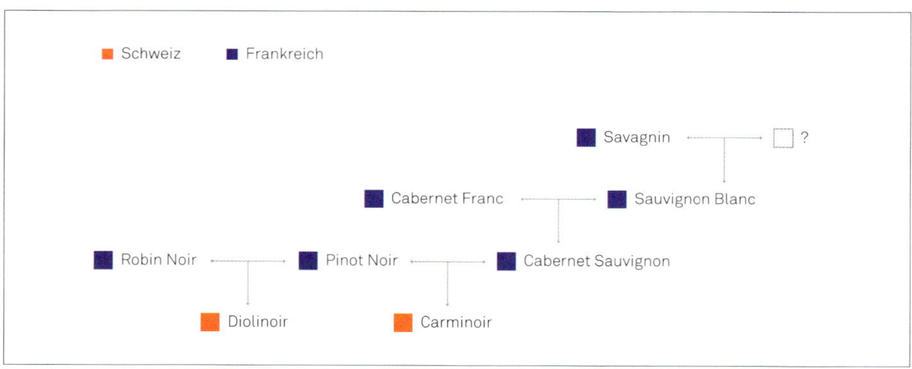

Die Carminoir ist eine gezielte Kreuzung zwischen der Pinot Noir aus dem Nordosten Frankreichs und der Cabernet Sauvignon aus Gironde (Frankreich). Sie ist somit eine Enkelin der Cabernet Franc aus dem Baskenland (Spanien) und der Sauvignon Blanc von der Loire, den natürlichen Eltern der Cabernet Sauvignon, und eine Enkelin der Savagnin aus dem Nordosten Frankreichs. Außerdem ist sie unter anderem auch eine Halbgeschwistersorte der Diolinoir.

Carminoir

Charmont

Charmont

Kurzbeschreibung

Ein wenig aromatischer als Chasselas.

Historisch-genetische Herkunft

Entstanden aus Chasselas und Chardonnay, wurde die Charmont im Jahr 1965 durch Jean-Louis Simon gewonnen. Genau wie ihre Geschwistersorte Doral wurde sie hergestellt, um eine zuckerhaltigere und aromatischere Rebsorte als Chasselas zu erhalten. Dafür wurde Letztere mit Rebsorten wie Chardonnay, Riesling oder Gewürztraminer gekreuzt, von denen nur Kreuzungen mit Chardonnay ausreichend interessant waren. Charmont, zunächst 1-33 genannt, wurde von André Jaquinet aus mehreren Pflanzen ausgewählt und im Jahr 1993 zugelassen.

Etymologie

Schachtelwort, das auf den Begriffen Chardonnay und Mont (französisch für «Berg») basiert, möglicherweise als Andeutung ihrer Anpassungsfähigkeit an Weinberge am Hang.

Rebfläche in der Schweiz

9,9 ha, hauptsächlich im Kanton Waadt (5,3 ha) und in Genf (2,5 ha).

Weine

Die Charmont gibt ein wenig aromatischere Weine als Chasselas und hat einen hohen Säuregehalt. Im Kanton Waadt empfehle ich das Château Le Rosey in Bursins und das Weingut Gaillard & Fils in Epesses sowie im Kanton Genf das Weingut Les Faunes in Dardagny.

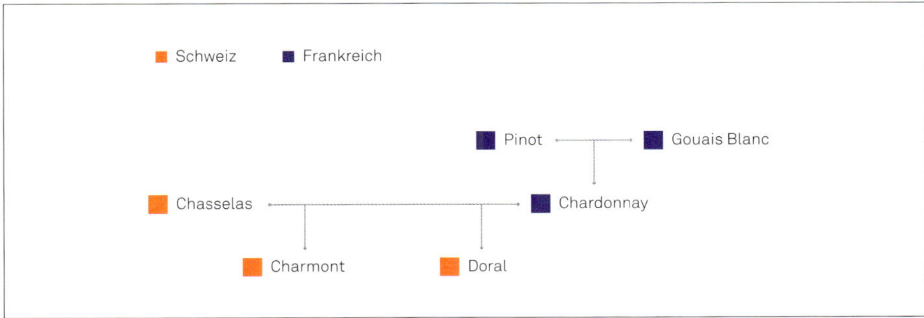

Die Charmont ist eine gezielte Kreuzung zwischen der Chasselas und der Chardonnay aus Burgund, genau wie ihre Geschwistersorte Doral. Sie ist somit eine Enkelin der Pinot aus dem Nordosten Frankreichs und der Gouais Blanc aus dem Nordosten Frankreichs (oder Südwesten Deutschlands).

Diolinoir

Kurzbeschreibung

Gibt sehr farbkräftige Weine, ursprünglich in Verschnitten verwendet, später jedoch immer häufiger sortenrein hergestellt.

Historisch-genetische Herkunft

Die Diolinoir ist eine Kreuzung aus Robin Noir und Pinot Noir, die im Jahr 1970 von André Jaquinet durchgeführt wurde; Ziel der Kreuzung war es, eine der Pinot ähnliche Rebsorte mit einer intensiveren Farbe zu erhalten. In den 1920er-Jahren hatte Henry Wuilloud in seiner Sammlung in Diolly in der Nähe von Sitten eine unbekannte Rebsorte gefunden, die er einfach Rouge de Diolly nannte. Diese Rebsorte, die verwendet wurde, um Diolinoir zu erschaffen, wurde im Jahr 1995 identifiziert: Es handelt sich dabei um Robin Noir, eine alte Rebsorte aus dem Département Drôme (Frankreich), die heute fast verschwunden ist. Die Kreuzung wurde zunächst 4-42 genannt, als der Samen von seinem Züchter ausgewählt wurde. Sie wurde im Jahr 1998 zugelassen.

Etymologie

Schachtelwort, das aus den Namen der Eltern, Rouge de Diolly und Pinot Noir, gebildet wurde.

Rebfläche in der Schweiz

119,8 ha, davon 80 % im Wallis.

Weine

Als «aufwertende» Rebsorte wurde Diolinoir zunächst in Verschnitten verwendet, um die Farbe von bestimmten Schweizer Weinen zu intensivieren, aber seit einigen Jahren wird sie immer häufiger sortenrein zu Wein verarbeitet. In der Regel im Fass gereift, gibt sie farbkräftige Weine mit vielen Tanninen sowie Aromen von Brombeere und Veilchen. Im Wallis empfehle ich beispielsweise Cave des Tilleuls/Fabienne Cottagnoud in Vétroz und Domaine de l'Évêché de Provins in Sitten, wo eine untypische Diolinoir bei leichter Überreife geerntet und in Fässern aus Lärchenholz zu Wein verarbeitet wird.

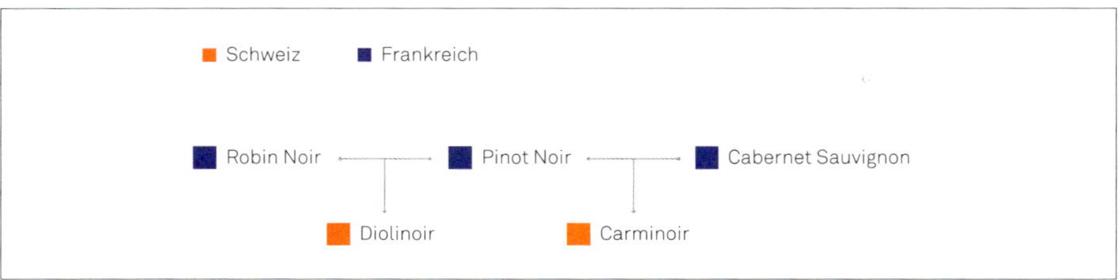

Die Diolinoir ist eine gezielte Kreuzung zwischen der Robin Noir aus dem Département Drôme (Frankreich) und der Pinot Noir aus dem Nordosten Frankreichs. Sie ist somit eine Halbgeschwistersorte der Carminoir.

Diolinoir

Doral

Doral

Kurzbeschreibung

Ein wenig aromatischer als Chasselas.

Historisch-genetische Herkunft

Die Kreuzung aus Chasselas und Chardonnay wurde im Jahr 1965 von Jean-Louis Simon gewonnen und aus mehreren Samen (Auswahlnummer 1-2-1) von André Jaquinet ausgewählt. Genau wie ihre Geschwistersorte Charmont wurde Doral erschaffen, um eine zuckerhaltigere und aromatischere Rebsorte als Chasselas zu produzieren. Dafür wurde Letztere mit Rebsorten wie Chardonnay, Riesling oder Gewürztraminer gekreuzt, wobei sich nur Kreuzungen mit Chardonnay als ausreichen interessant erwiesen. Die Rebsorte wurde im Jahr 2004 zugelassen.

Etymologie

Von «doré» (französisch für «goldfarben»), was sich auf die Farbe der reifen Beeren bezieht.

Rebfläche in der Schweiz

35,3 ha, hauptsächlich im Kanton Waadt (beinahe 80% der Gesamtrebfläche der Doral).

Weine

Die Doral-Weine sind frischer als diejenigen ihrer Geschwistersorte Charmont und vollmundiger als die Weine ihrer Elternsorte Chasselas; dabei haben sie den Säuregehalt der anderen Elternsorte Chardonnay. Der Zuckergehalt der Beeren ist hoch und die Aromen erinnern an Zitrus und Aprikose. Im Kanton Waadt kann man unter den Herstellern guter, sortenreiner Weine Domaine de la Ville de Morges, Cave Cidis in Tolochenaz und Christian Dugon in Bofflens aufzählen. Einige weitere seltene, sortenreine Weine werden im Tessin (Davide Cadenazzi in Corteglia) und im Wallis (Cave du Paradou in Nax sowie Cave des Amis in Fully) erzeugt.

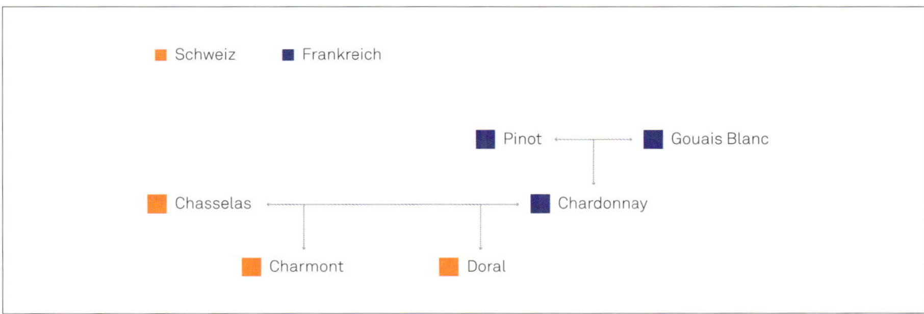

Die Doral ist eine gezielte Kreuzung aus der Chasselas und der Chardonnay aus Burgund, ebenso wie ihre Geschwistersorte Charmont. Sie ist somit eine Enkelin der Pinot aus dem Nordosten Frankreichs und der Gouais Blanc aus dem Nordosten Frankreichs (oder dem Südwesten Deutschlands).

Galotta

Galotta

Kurzbeschreibung
Aufwertende Rebsorte, die Verschnitten Farbe und Tannine verleiht.

Historisch-genetische Herkunft
Die Kreuzung aus Ancellotta und Gamay wurde im Jahr 1981 von André Jaquinet gewonnen, um eine der Gamay ähnliche Rebsorte zu produzieren, die mehr Farbe und Tannine sowie zugleich eine Resistenz gegen Fäulnis (*Botrytis cinerea*) aufweist. Die Sorte wurde im Jahr 2009 zugelassen.

Etymologie
Schachtelwort, das auf den Namen der Eltern basiert.

Rebfläche in der Schweiz
34,6 ha, hauptsächlich in Waadt (19,7 ha), im Wallis (7,6 ha) und in Genf (5,4 ha).

Weine
Die Weine der Galotta sind farbintensiv und vollmundig, mit Noten von Brombeere sowie kräftigen Tanninen. Sie werden oft in Verschnitten verwendet und im Fass gereift. Seit Neuestem wird diese Rebsorte von einigen Produzenten sortenrein zu Wein verarbeitet, zum Beispiel im Kanton Waadt (Cave des Viticulteurs de Bonvillars, Cave Gaillard in Epesses, Jean-François Morel in Chardonne, Cave Sinaris in Ollon, Domaine Le Luissalet in Bex), im Wallis (Cave Benoît Dorsaz in Fully, Clos des Cyprès in Veyras und Kellerei Diroso in Turtmann) sowie in Neuenburg (Grillette Domaine de Cressier).

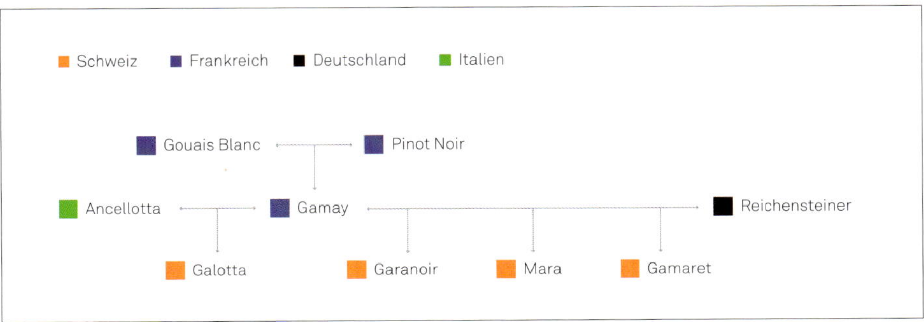

Die Galotta ist eine gezielte Kreuzung zwischen der Ancellotta aus der Emilia Romagna (Italien) und der Gamay aus dem Burgund (Frankreich). Sie ist somit eine Enkelin der Gouais Blanc aus dem Nordosten Frankreichs (oder Südwesten Deutschlands) und der Pinot aus dem Nordosten Frankreichs. Sie ist ebenfalls eine Halbgeschwistersorte des Trios Garanoir, Mara und Gamaret.

Gamaret

Kurzbeschreibung

Frühreife und fäulnisresistente Rebsorte.

Historisch-genetische Herkunft

Die Gamaret ist eine Kreuzung aus Gamay und Reichensteiner, die im Jahr 1970 von André Jaquinet gewonnen wurde. Sie wurde zunächst unter dem Namen Pully B-13 erfasst, bevor ihr der heutige Name von ihrem Züchter verliehen wurde. Gamaret ist also eine Geschwistersorte der Garanoir und der Mara. Das Ziel der Neuzüchtung war es, eine farbintensivere und vollmundigere Rebsorte als Gamay mit einer stärkeren Resistenz gegen Fäulnis (*Botrytis cinerea*) zu erschaffen. Die Gamaret wurde offiziell im Jahr 1990 gleichzeitig mit der Garanoir zugelassen.

Etymologie

Schachtelwort, das auf den Namen der Eltern basiert.

Rebfläche in der Schweiz

425,2 ha, hauptsächlich in den Kantonen Waadt (146,6 ha), Genf (120,2 ha) und Wallis (104,6 ha).

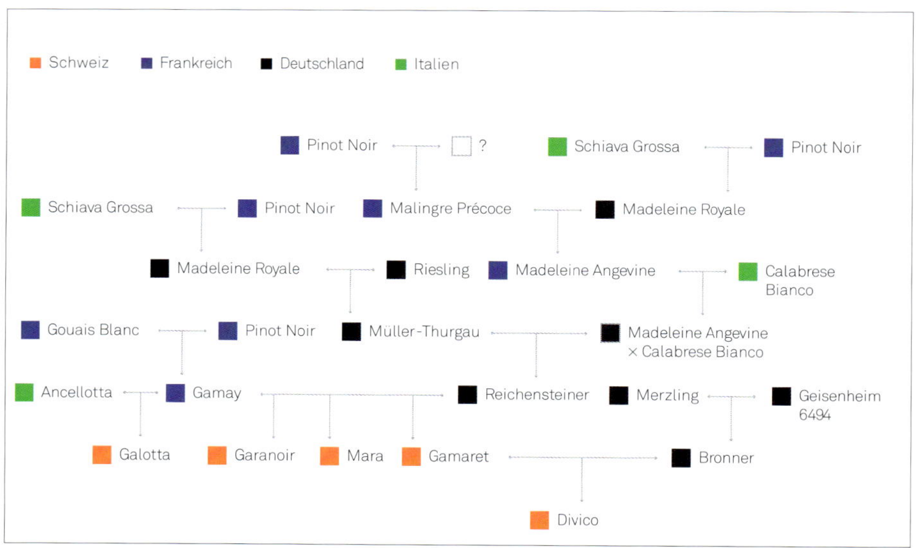

Die Gamaret ist eine gezielte Kreuzung zwischen der Gamay aus Burgund (Frankreich) und der Reichensteiner, einer Neuzüchtung, die aus Deutschland stammt. Sie ist eine Geschwistersorte der Garanoir und der Mara, eine Halbgeschwistersorte der Galotta und eine Elternsorte der Divico. Ihr Stammbaum enthält viermal Pinot Noir aus dem Nordosten Frankreichs, zweimal Madeleine Royale aus Deutschland und zweimal Schiava Grossa aus Südtirol (Italien).

Gamaret

Weine

Die Weine der Gamaret haben eine purpurrote Farbe, Aromen von Gewürzen und kräftige Tannine, daher werden sie oft in Verschnitten verwendet. Seit Neuestem werden sie sortenrein hergestellt und reifen dabei die meiste Zeit in Fässern, wie zum Beispiel im Kanton Waadt (Domaine de la Capitaine in Begnins, Domaine Rosset in Rolle), im Kanton Genf (Domaine Les Perrières in Satigny, Domaine des Graves in Avusy) und im Wallis (Cave Philippe et Veronyc Mettaz in Fully, Cave La Tine/Hervé Fontannaz in Vétroz). Im Jahr 2008 wurde Gamaret in den offiziellen Rebsortenkatalog aufgenommen, der in Beaujolais (Frankreich) festgelegt wird. Außerdem ist sie seit dem Jahr 1999 im Aostatal (Italien) zugelassen, wo sie im Jahr 2008 das DOC-Siegel (*Denominazione di Origine Controllata*) erhielt.

Garanoir

Kurzbeschreibung

Farbkräftig und fruchtig, aber mit einem schwachen Säuregehalt.

Historisch-genetische Herkunft

Die Garanoir ist eine Kreuzung aus Gamay und Reichensteiner und wurde im Jahr 1970 von André Jaquinet gewonnen. Sie wurde zunächst als Pully B-28 aufgenommen, bevor sie von ihrem Züchter zunächst in Gastar, dann in Granoir

Garanoir

und schließlich in Garanoir umbenannt wurde. Garanoir ist eine Geschwistersorte der Gamaret und der Mara. Das Ziel der Neuzüchtung war es, eine Rebsorte zu kreieren, die im Vergleich zur Gamay farbintensiver und vollmundiger sowie gegen Fäulnis (*Botrytis cinerea*) resistenter ist. Sie wurde offiziell im Jahr 1990 gleichzeitig mit der Gamaret anerkannt.

Etymologie

Fantasiename, der auf ihrer Elternsorte Gamay und der Farbe des Weins beruht.

Rebfläche in der Schweiz

224,8 ha, hauptsächlich in den Kantonen Waadt (119,3 ha), Genf (46,8 ha) und Wallis (20,7 ha).

Weine

Die Garanoir-Weine sind fruchtiger und weniger konzentriert sowie weniger würzig als die der Gamaret und bringen Farbe und Tannine in die Verschnitte. Sie werden immer häufiger sortenrein hergestellt, so im Kanton Waadt (Cave Cidis in Tolochenaz), im Kanton Genf (Domaine de la Vigne Blanche in Cologny) und im Wallis (Cave du Paradou in Nax). Man findet sie auch in kleinen Mengen im Jura (Clos des Cantons in Alle) und sogar seit Neuestem in Deutschland (Weingut Kuhnle in Baden-Württemberg).

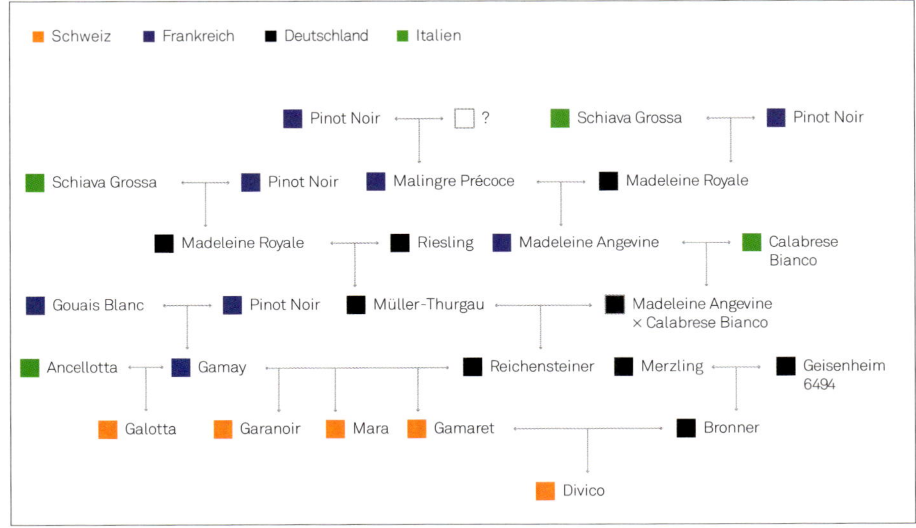

Die Garanoir ist eine gezielte Kreuzung zwischen der Gamay aus Burgund (Frankreich) und der Reichensteiner, einer Neuzüchtung aus Deutschland. Sie ist eine Geschwistersorte der Gamaret und der Mara sowie eine Halbgeschwistersorte der Galotta. Ihr Stammbaum enthält viermal Pinot Noir aus dem Nordosten Frankreichs, zweimal Madeleine Royale aus Deutschland und zweimal Schiava Grossa aus Südtirol (Italien).

Mara

Kurzbeschreibung

Eine Geschwistersorte der Gamaret und der Garanoir.

Historisch-genetische Herkunft

Die Kreuzung aus der Gamay und der Reichensteiner wurde im Jahr 1970 von André Jaquinet gewonnen. Sie wurde zunächst als RAC 3022, dann als C41 erfasst, bevor sie während ihrer offiziellen Einführung im Jahr 2012 in Mara umbenannt wurde – 22 Jahre nach ihren Geschwistersorten Gamaret und Garanoir. Das Ziel der Neuzüchtung war es, eine farbkräftigere und vollmundigere Rebsorte als die Gamay zu kreieren, die eine gute Resistenz gegen Fäulnis (*Botrytis cinerea*) bietet.

Etymologie

Fantasiename.

Rebfläche in der Schweiz

9,9 ha, hauptsächlich im Kanton Waadt.

Mara

Weine

Die Mara-Weine sind in der Regel farbintensiv und vollmundig, haben Aromen von schwarzen Beeren und Gewürzen sowie eine leichten Tanninstruktur, die angenehmer und abgerundeter ist als bei den Gamaret-Weinen. Die empfohlenen Produzenten im Kanton Waadt sind das Weingut Mermetus/Henri et Vincent Chollet in Aran, Christian Dugon in Bofflens und Weingut Monachon in Rivaz. In den anderen Kantonen, wo diese Rebsorte weniger angebaut wird, kann man Weinbau Käser in Oberflachs (Aargau) oder auch Haug Weine in Weiningen (Zürich) nennen.

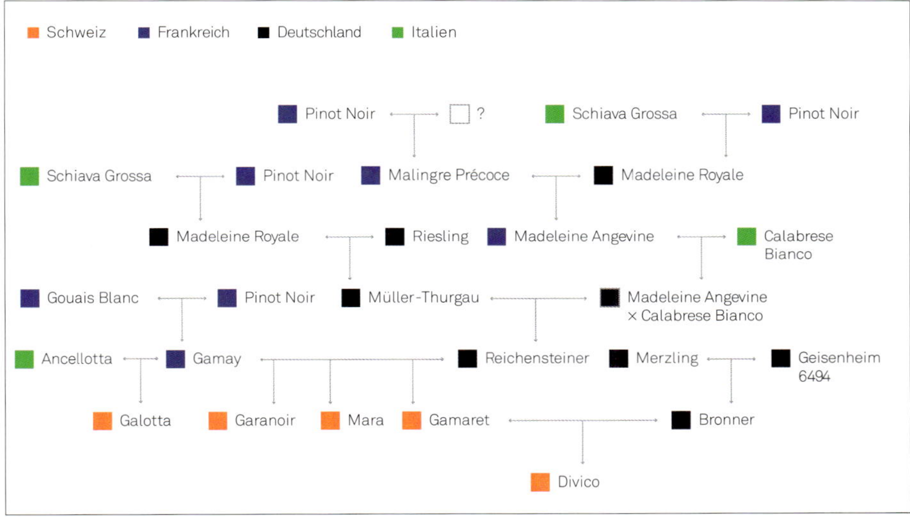

Die Mara ist eine gezielte Kreuzung zwischen der Gamay aus Burgund und der Reichensteiner, einer aus Deutschland stammenden Neuzüchtung. Sie ist eine Geschwistersorte der Gamaret und der Garanoir sowie eine Halbgeschwistersorte der Galotta. Ihr Stammbaum enthält viermal Pinot Noir aus dem Nordosten Frankreichs, zweimal Madeleine Royale aus Deutschland und zweimal Schiava Grossa aus Südtirol (Italien).

Im Jahr 2016 wurden fünf neue Kreuzungen zugelassen, aber ihre Rebflächen sind zunächst unbedeutend (vgl. Tabelle 1): Cabernello (Cabernet Franc × Gamaret, Code MRAC 40), Merello (Merlot × Gamaret, Code MRAC 1087), Gamarello (Merlot × Gamaret, Code MRAC 1099), Cornarello (Humagne Rouge × Gamaret, Code MRAC 1626), Nerolo (Nebbiolo × Gamaret, Code MRAC 1817). Andere Rebsorten werden noch von der landwirtschaftlichen Forschungsanstalt Agroscope erforscht, zum Beispiel mehrere Kreuzungen zwischen Gamay × Reichensteiner (A-18, A-20, A-26, B-39, C-21, C-43, D-26).

Andere Schweizer Kreuzungen

Chardoris

Kurzbeschreibung
Anekdotisch, nur im Weinkeller ihres Züchters in Solothurn kultiviert.

Farbe
Weiß.

Historisch-genetische Herkunft
Die Sorte stammt aus einer Kreuzung zwischen der Chardonnay sowie einer weiteren Kreuzung zwischen Pinot Noir und Bacchus. Sie wird von Josef Müller auf seinem Weingut Müller Obst-& Weinbau in Erlinsbach (Solothurn) erhalten.

Etymologie
Basierend auf der Elternsorte, der Ursprung des zweiten Wortteils ist unbekannt.

Rebfläche in der Schweiz
0,18 ha.

Weine
Die Chardoris gibt einen Weißwein mit Aromen von Apfel und Waldbeere. Er wird nur vom Weingut Peter und Beatrix Müller in Erlinsbach (Solothurn) sortenrein hergestellt. Peter Müller ist der Schwiegersohn des Züchters.

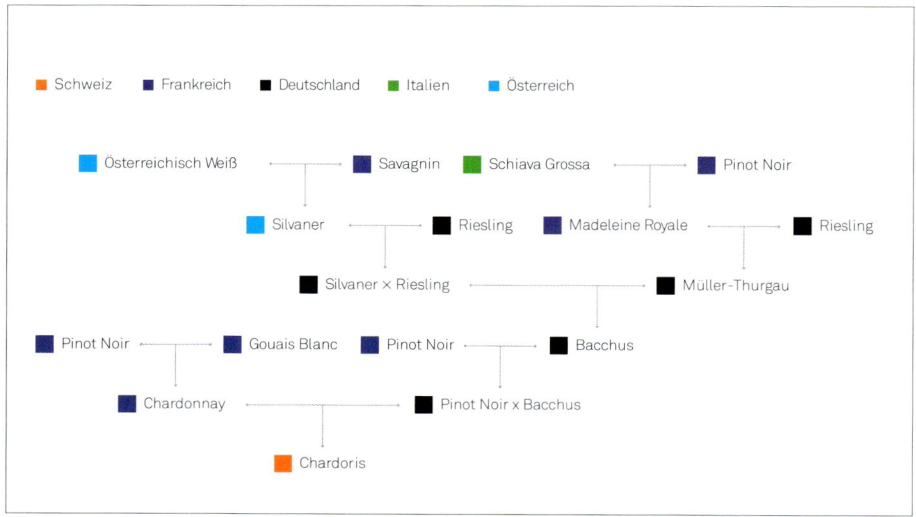

Die Chardoris ist eine gezielte Kreuzung aus der Chardonnay aus Burgund (Frankreich) sowie einer Kreuzung zwischen Pinot Noir und Bacchus. Ihr Stammbaum enthält dreimal Pinot Noir aus dem Nordosten Frankreichs und zweimal Riesling aus Deutschland.

Mennas

Kurzbeschreibung
Aromatische Rebsorte, im Wallis kreiert und nur von ihrem Züchter kultiviert.

Farbe
Weiß.

Historisch-genetische Herkunft
Die Mennas ist eine gezielte Kreuzung aus Gewürztraminer und Gouais Blanc, die im Jahr 1986 von Hans-Peter Baumann gewonnen wurde, als er in der Kellerei Chanton in Visp im Oberwallis arbeitete. Das Ziel der Neuzüchtung war es, die fruchtige Kraft des Gewürztraminers mit der natürlichen hohen Säure des Gouais Blanc zu verbinden, um einen komplexen Weißwein mit einer guten Lagerungsfähigkeit zu erhalten.

Etymologie
Der Name ist eine Hommage an die Tante von Hans-Peter Baumann, die eine Nonne war und den Namen Mennas in Anlehnung an den heiligen Menas gewählt hatte.

Rebfläche in der Schweiz
0,23 ha, nur in Turtmann im Wallis.

Weine
Die Mennas wird ausschließlich in der Diroso-Kellerei in Turtmann im Oberwallis kultiviert, wo ihr Züchter daraus einen trockenen Wein und eine Spätlese herstellt. Die Aromen reichen von Mirabelle, Litschi und Rosenblättern – was an einen Gewürztraminer erinnert – bis zu Mango und Passionsfrucht. Der Wein hat einen hohen Säuregehalt, welcher zweifelsfrei vom Gouais Blanc stammt, verfügt aber zugleich über eine gute Ausgewogenheit mit dem Geschmack von zerdrückten Mandeln im Abgang.

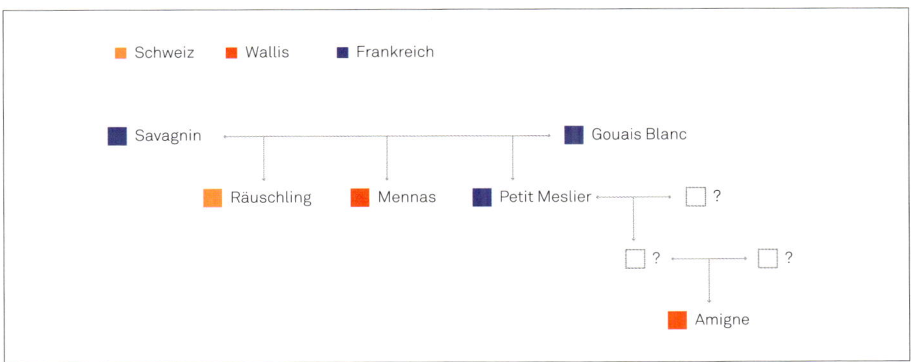

Die Mennas stammt aus einer gezielten Kreuzung zwischen der Savagnin und der Gouais Blanc, die beide aus dem Nordosten Frankreichs (oder Südwesten Deutschlands) stammen. Sie ist somit eine Geschwistersorte der Räuschling aus der Deutschschweiz und der Petit Meslier aus Franche-Comté (Frankreich). Letztere ist möglicherweise die Großmutter der Amigne aus dem Wallis.

Pinorico

Kurzbeschreibung
Einzige einheimische Rebsorte aus dem Kanton Zürich und Kreuzung eines privaten Züchters, der auch einer der wenigen ist, der sie kultiviert.

Farbe
Schwarz.

Historisch-genetische Herkunft
Die Pinorico ist eine gezielte Kreuzung aus Kerner und Pinot Noir, die Heiner Hertli in Flurlingen im Kanton Zürich gewonnen hat und die im Jahr 2012 nach etwa 20 Testjahren offiziell eingetragen wurde. Kerner ist eine weiße Rebsorte, die aus einer Neuzüchtung zwischen Schiava Grossa und Riesling in Deutschland entstanden ist.

Etymologie
Basierend auf einer Elternsorte und auf dem Wort *rico,* das im Italienischen für «reichhaltig» steht.

Rebfläche in der Schweiz
0,32 ha, nur im Kanton Zürich.

Weine
Der Wein der Pinorico ist sehr dunkel mit Aromen von Pflaume und Heidelbeere, rassig, mit einer lebendigen Säure und feinen Tanninen. Er wird sortenrein von seinem Züchter im Weingut Hertli in Flurlingen (Zürich) hergestellt sowie auch im Weinbau Erb zur Post in Volken (Zürich).

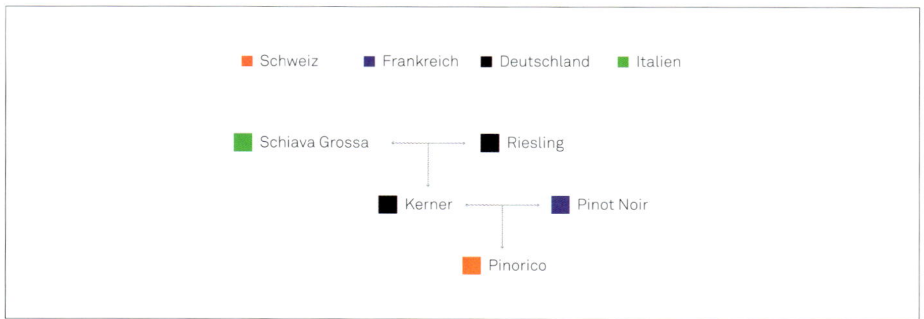

Die Pinorico stammt aus einer gezielten Kreuzung zwischen der Kerner aus Deutschland und der Pinot Noir aus dem Nordosten Frankreichs. Sie ist somit eine Enkelin der Schiava Grossa aus Südtirol (Italien) und der deutschen Riesling.

Divico

KAPITEL 3

HYBRIDEN

Hybride oder Kreuzung?

Auf diesem Gebiet gibt es keine festen Regeln, aber ich übernehme hier die allgemein anerkannten Definitionen:

- Eine Kreuzung ist eine Befruchtung zwischen zwei Individuen der gleichen Art, in diesem Fall zwischen *Vitis vinifera* und *Vitis vinifera.* Alle europäischen Rebsorten stammen aus Kreuzungen, die spontan in den Weinbergen stattgefunden haben, oder sind das Ergebnis von vom Mensch durchgeführten Befruchtungen.
- Eine Hybride ist eine Befruchtung zwischen zwei Individuen zweier verschiedener Arten, zum Beispiel zwischen *Vitis vinifera* und *Vitis labrusca*. Diese interspezifischen Neuzüchtungen werden alle vom Menschen durchgeführt. Eine Minderheit der Rebsorten sind Hybriden (Tendenz steigend).

Hybriden werden in der Regel zu einem bestimmten Zweck geschaffen: Die Gene einer Art (am häufigsten von *Vitis vinifera*) sollen durch aufeinanderfolgende Befruchtungen in eine andere Art (amerikanische oder asiatische *Vitis*) integriert werden, sodass Resistenzen gegenüber Kälte, Krankheiten oder Trockenheit erhalten bleiben. (Anmerkung: Es handelt sich dabei um gesteuerte Befruchtungen, es entstehen keine gentechnisch veränderten Organismen [GVO].) In der Schweiz bereiten Kälte und Trockenheit keine großen Schwierigkeiten, daher wird auf Hybriden mit einer Resistenz gegenüber Pilzkrankheiten Wert gelegt. Man nennt sie PIWI-Rebsorten («pilzwiderstandsfähige Rebsorten»). Diese benötigen fast keine Anti-Pilz-Mittel (gegen krankheitserregende Pilze wie den Falschen sowie den Echten Mehltau) und ermöglichen somit eine umweltfreundlichere Weinkultur. Die Aromenpalette dieser Sorten unterscheidet sich von den hundertprozentigen *Vitis vinifera*-Rebsorten, und sie bilden vorerst einen Nischenmarkt.

Von Valentin Blattner in Soyhières im Kanton Jura gezüchtete Hybriden

Valentin Blattner ist ein privater Rebzüchter, der sich in Soyhières im Schweizer Kanton Jura niedergelassen hat. Um an das Klima des Kantons angepasste Rebsorten zu erhalten, hat er 1991 damit begonnen, durch Kreuzen von europäischen Rebsorten (der Art *Vitis vinifera*) mit den Rebsorten anderer Arten Hybriden zu erschaffen, die einen großen Widerstand gegenüber Kälte (Frühlingsfrost) und Pilzkrankheiten (Falschem und Echtem Mehltau, *Botrytis*) aufweisen. Diese Eigenschaften stammen vermutlich von der Art *Vitis amurensis* aus Regionen des Fernen Ostens mit subarktischem Klima. (Der Züchter selbst ist sich über die Identität der verwendeten Art nicht sicher.) Blattners Ziel war es, die organoleptisch prüfbaren Eigenschaften der europäischen Rebsorten (wie Cabernet Sauvignon) mit der Widerstandsfähigkeit der *Vitis amurensis* zu kombinieren, um mit einem minimalen Eingriff an der Pflanze eine Kultur unter klimatische Randbedingungen zu schaffen und die Verwendung von Pestiziden drastisch zu reduzieren. Heute kann der Züchter mindestens 35 resistente Hybriden (siehe Tabelle 3) vorweisen, die in der Schweiz oder in anderen Ländern (Niederlande, Thailand, Neuseeland ...) kultiviert werden.

Tabelle 3. Die 35 Hybriden, die von Valentin Blattner in Soyhières im Jura erhalten wurden und die aktuell kultiviert werden. Die Fragezeichen geben die fehlenden Daten an, welche ich nicht herausfinden konnte.

Name	Code[a]	Farbe[b]	Elternsorte 1	Elternsorte 2	Jahr	ha (Schweiz)[c]
Birstaler Muskat	VB 86-6	w	Seyval Blanc	Bacchus	1986	1,02
Cabernet Blanc	VB 91-26-01	w	Cabernet Sauvignon	*Resistenzpartner*	1991	3,01
Cabernet Colonjes	VB 91-26-05	r	Cabernet Sauvignon	*Resistenzpartner*	1991	0,01
Cabernet Jura	VB 5-02	r	Cabernet Sauvignon	*Resistenzpartner*	?	27,34
Cabernet × Maréchal Foch	?	r	Cabernet Sauvignon	Maréchal Foch	?	0,11
Cabernet Noir	VB 91-26-04	r	Cabernet Sauvignon	*Resistenzpartner*	1991	2,57
Cabernet Soyhières	?	r	Cabernet Sauvignon	*Resistenzpartner*	?	0,92
Cabernet VB	?	r	Cabernet Sauvignon	*Resistenzpartner*	?	0,52
Caberneuf	?	r	?	?	?	?
Cabertin	VB 91-26-17 oder VB 91-26-18?	r	Cabernet Sauvignon	*Resistenzpartner*	1991	1,58
Merlotin	VB 91-26-27	r	?	?	1991	0,26
Millot-Foch	VB 85-1	r	Léon Millot	Maréchal Foch	?	2,48
Pinotin	VB 91-26-19	r	Pinot Noir	*Resistenzpartner*	1991	0,16
Réselle	VB 86-3	w	Bacchus	Seyval Blanc	1986	1,08
Riesel	VB 11-11-89-12	w	Cabernet Sauvignon	*Resistenzpartner*	?	?
Sauvignon-Soyhières	VB 32-7	w	?	?	1998	3,24
-	CabVB	w	?	?	?	0,03
-	CabVB	r	?	?	?	0,06
-	VB 5-24	w	?	?	?	0,05
-	VB 91-26-25	r	?	?	1991	0,76
-	VB 91-26-26	r	?	?	1991	0,33
-	VB 91-26-29	r	?	?	1991	0,05
-	VB CAL 1-14	r	?	?	?	0,05
-	VB CAL 1-15	r	?	?	?	0,08
-	VB CAL 1-20	r	?	?	?	0,44
-	VB CAL 1-22	r	?	?	?	0,35
-	VB CAL 1-23	r	?	?	?	0,35
-	VB CAL 1-28	r	?	?	?	1,68
-	VB CAL 1-29	r	?	?	?	0,01
-	VB CAL 1-31	r	?	?	?	0,05
-	VB CAL 1-33	r	?	?	?	0,01
-	VB CAL 1-36	r	?	?	?	1,33
-	VB CAL 6-04	w	?	?	?	2,08
-	VB CAL 6-04 N5	w	?	?	?	0,39
-	VB Jura 25	r	?	?	?	0,05

a: VB sind die Initialen des Züchters. Die erste Zahl gibt normalerweise in Kurzform das Jahr der Hybridisierung an, die zweite die Verbindung und die dritte die Nummer der Pflanze.

b: Farbe der Beeren, w = weiß und r = rot oder schwarz.

c: Gemäß *Das Weinjahr 2015*, veröffentlicht vom Schweizerischen Bundesamt für Landwirtschaft (BLW).

Zu diesen aktuell 35 Hybriden kommen mindestens 23 weitere hinzu, die noch nicht oder nur teilweise zu Versuchszwecken kultiviert wurden: VB 11-26-10 (?), VB 11-A-140 (r), VB 18-7/5 (r), VB 18-7/6 (r), VB 18-7/7 (r), VB 26-14 (b), VB 26-4 (r), VB 3-6 (?), VB 30-21 (w), VB 5 26-14 (w), VB 68-25 (w), VB 91-26-17 (?), VB CAL 1-35 (?), VB CAL 5-12 (r), VB CAL 6-15 (?), VB Gew.1aM (r), VB Gew.2L (w), VB H-1 (w), VB H-2 (w), VB H-3 (w), VB Jura (?), VB Jura 5-1 (r), VB S-1 (r). [In Klammern ist die Farbe der Beeren angegeben, w = weiß und r = rot oder schwarz.]

Birstaler Muskat

Hauptsynonyme
Birchstaler Muscat, Muscat de la Birse, VB 86-6.

Farbe
Weiß.

Historisch-genetische Herkunft
Birstaler Muskat ist eine gezielte Kreuzung aus Seyval Blanc und Bacchus, die im Jahr 1986 gewonnen wurde; sie ist somit eine Geschwisterhybride der Réselle.

Etymologie
Benannt nach dem Tal des Flusses Birs, eines Nebenflusses des Rheins.

Rebfläche in der Schweiz
1,02 ha.

Weine
Die Tafeltraube wird selten vinifiziert. Man findet sortenreine Weine bei ihrem Züchter Valentin Blattner in Soyhières (Jura), der den «Muscat de la Birse» produziert, und mit dem «Schmidlin Birstaler Muskat» im Hof Aengelberg in Egolzwil (Luzern). Diese beiden Weine bieten leichte Muskataromen und einen geringen Säuregehalt. Der Biohof Alpbad in Sissach (Basel) dagegen verwendet die Rebsorte in Verschnitten.

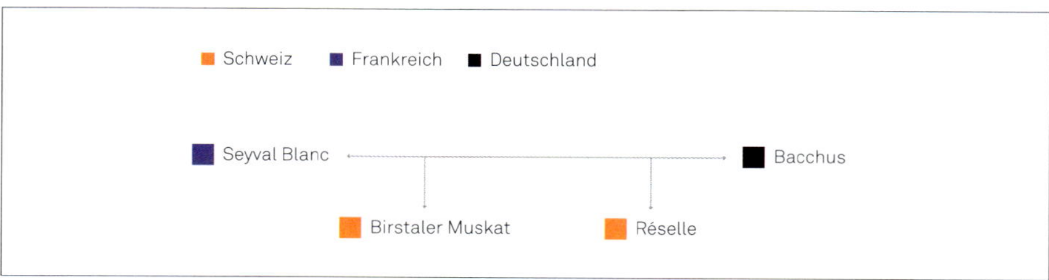

Birstaler Muskat ist eine Hybride aus Seyval Blanc und Bacchus; sie ist somit eine Geschwisterhybride der Réselle. Seyval Blanc ist eine interspezifische, komplexe Hybride, die im 19. Jahrhundert im Département Isère (Frankreich) erzeugt wurde; Bacchus ist eine Neuzüchtung aus (Silvaner × Riesling) und Müller-Thurgau, die im Jahr 1933 in Siebeldingen (Rheinland-Pfalz/Deutschland) gewonnen wurde.

Cabernet Blanc

Hauptsynonyme
VB 91-26-01.

Farbe
Weiß.

Historisch-genetische Herkunft
Hybride aus Cabernet Sauvignon und einer krankheitsresistenten Rebsorte mit nicht bekanntgegebener Identität (einfach *Resistenzpartner* genannt), die im Jahr 1991 erzeugt wurde.

Etymologie
Trivial.

Rebfläche in der Schweiz
3,01 ha.

Weine
Die Cabernet Blanc bietet Weine mit Aromen von Holunder, Ananas und Pfirsich. Sie wird selten sortenrein hergestellt, zum Beispiel im Weingut Lenz in Uesslingen (Thurgau). Man findet sie in Verschnitten in der Regula Cuvée Weiß AOC von Smith & Smith Wine Company in Zürich oder auch im Weingut Lienhard & Vögeli in Teufen (Zürich). Die Cabernet Blanc wird in beachtlichem Umfang in Deutschland (Pfalz), in den Niederlanden und in Frankreich kultiviert.

Cabernet Colonjes

Hauptsynonyme
VB 91-26-05.

Farbe
Schwarz.

Historisch-genetische Herkunft
Hybride aus Cabernet Sauvignon und einer krankheitsresistenten Rebsorte mit nicht bekanntgegebener Identität (einfach *Resistenzpartner* genannt), die im Jahr 1991 erzeugt wurde.

Etymologie
Benannt nach einer Elternsorte und nach Wijnhoeve de Colonjes, dem ersten Produzenten, der sie in den Niederlanden anpflanzte.

Rebfläche in der Schweiz
0,01 ha.

Weine
Fruchtig und ähnlich dem Merlot, wird die Cabernet Colonjes hauptsächlich in den Niederlanden sowie in Schweden kultiviert; sie ist in der Schweiz mit einigen Morgen bei der Diroso-Kellerei in Turtmann (Wallis) unter dem Code VB 91-26-05 vertreten.

Cabernet Jura

Hauptsynonyme
VB 5-02.

Farbe
Schwarz.

Historisch-genetische Herkunft
Hybride aus Cabernet Sauvignon und einer krankheitsresistenten Rebsorte mit nicht bekanntgegebener Identität (einfach *Resistenzpartner* genannt).

Etymologie
Der Name beruht auf einer Elternsorte und dem Kanton seiner Erzeugung.

Rebfläche in der Schweiz
27,34 ha.

Weine
Verbreitet in zahlreichen Kantonen, gibt Cabernet Jura farbkräftige und aromatische Weine, die an Cabernet Franc erinnern, mit Aromen von Sauerkirsche, Pflaume, einer Note von Rose sowie schönen Tanninen. Sie wird sortenrein bei ihrem Züchter Valentin Blattner in Soyhières (Jura) sowie auch bei Weinbau Simmendinger in Münchenstein (Basel) und bei Stegeler in Berneck (St. Gallen) produziert. Weingut Lenz in Uesslingen (Thurgau), Gewinner des *Vigneron bio Suisse 2015* (Schweizer Bioweinpreis), stellt daraus jeweils eine Version im Tank und eine im Fass her. Die Cabernet Jura wird in Verschnitten im Domaine des Trois-Lacs in Laconnex (Genf), bei der Diroso-Kellerei in Turtmann (Wallis) und bei mehreren Produzenten in der Deutschschweiz verwendet.

Cabernet × Maréchal Foch

Hauptsynonyme
?

Farbe
Schwarz.

Historisch-genetische Herkunft
Hybride aus Cabernet Sauvignon und Maréchal Foch (für den Stammbaum siehe Millot-Foch).

Etymologie
Benannt nach ihren Eltern.

Rebfläche in der Schweiz
0,11 ha.

Weine
Die Cabernet × Maréchal Foch wird in Nova Scotia (Kanada) kultiviert; in der Schweiz habe ich keinen Wein gefunden, obwohl es Statistiken über die Pflanzung gibt.

Cabernet Noir

Hauptsynonyme
VB 91-26-04.

Farbe
Schwarz.

Historisch-genetische Herkunft
Hybride aus Cabernet Sauvignon und einer krankheitsresistenten Rebsorte mit nicht bekanntgegebener Identität (einfach *Resistenzpartner* genannt), die im Jahr 1991 erzeugt wurde.

Etymologie
Benannt nach einer Elternsorte.

Rebfläche in der Schweiz
2,57 ha.

Weine
Die Weine der Cabernet Noir ähneln denen der Cabernet Franc, sie sind farbintensiv und haben kraftvolle Tannine. Der Wein wird sortenrein im Weingut Le Chant du Rossignol in Murzelen (Bern) sowie in Verschnitten im Weingut Lienhard & Vögeli in Teufen (Zürich), bei Bio-Weinbau Geiger in Thal (St. Gallen) und seit 2015 als Cuvée «Maréchal Foch 1467» im Weingut zum Frohhof in Neftenbach (Zürich) hergestellt. Die Cabernet Noir findet sich ebenfalls in der Cuvée «Cerus» der Azienda Agricola Bianchi in Arogno (Tessin). Sie wird auch in Belgien und in den Niederlanden kultiviert.

Cabernet Soyhières

Hauptsynonyme
?

Farbe
Schwarz.

Historisch-genetische Herkunft
Hybride aus Cabernet Sauvignon und einer krankheitsresistenten Rebsorte mit nicht bekanntgegebener Identität (einfach *Resistenzpartner* genannt).

Etymologie
Benannt nach einer Elternsorte und dem Dorf ihrer Erzeugung.

Rebfläche in der Schweiz
0,92 ha.

Weine
In der Schweiz findet man die Sorte zum Beispiel in Verschnitten bei Kümin Weinbau in Freienbach (Schwyz).

Cabernet VB

Hauptsynonyme
?

Farbe
Schwarz.

Historisch-genetische Herkunft
Hybride aus Cabernet Sauvignon und einer krankheitsresistenten Rebsorte mit nicht bekanntgegebener Identität (einfach *Resistenzpartner* genannt).

Etymologie
Benannt nach einer Elternsorte und den Initialen des Züchters.

Rebfläche in der Schweiz
0,52 ha.

Weine
Die Cabernet VB wird in den Niederlanden kultiviert; in der Schweiz habe ich keinen Wein gefunden, obwohl es Statistiken über die Pflanzung gibt.

Caberneuf

Hauptsynonyme
?

Farbe
Schwarz.

Historisch-genetische Herkunft
Hybride aus Cabernet Sauvignon und einer krankheitsresistenten Rebsorte mit nicht bekanntgegebener Identität (einfach *Resistenzpartner* genannt).

Etymologie
Benannt nach einer Elternsorte.

Rebfläche in der Schweiz
?

Weine
Diese kürzlich verbreitete Hybride wird in Verschnitten im Weingut Lienhard & Vögeli in Teufen (Zürich) kultiviert, welches aktuell der einzige Produzent zu sein scheint.

Cabertin

Hauptsynonyme
VB 91-26-17 oder 26-18?

Farbe
Schwarz.

Historisch-genetische Herkunft
Hybride aus Cabernet Sauvignon und einer krankheitsresistenten Rebsorte mit nicht bekanntgegebener Identität (einfach *Resistenzpartner* genannt), die im Jahr 1991 erzeugt wurde.

Etymologie
Teilweise basierend auf der Elternsorte Cabernet Sauvignon, zum anderen Teil unbekannten Ursprungs.

Rebfläche in der Schweiz
1,58 ha.

Weine
Die Weine der Cabertin sind farbkräftig mit Aromen von Waldbeere, Brombeere und schwarzer Johannisbeere. Sie haben eine ausreichende Struktur, um dem Barriqueausbau standzuhalten. Die Cabertin wird vor allem in Deutschland und in Belgien kultiviert. In der Schweiz findet man sie in Verschnitten im Domaine des Trois-Lacs in Laconnex (Genf), bei Johannes Louis Weinbau in Chavannes (Neuenburg), bei der Diroso-Kellerei in Turtmann (Wallis), im Weingut Lienhard & Vögeli in Teufen (Zürich) und bei Turmgut Weine in Meilen (Zürich).

Merlotin

Hauptsynonyme
VB 91-26-27.

Farbe
Schwarz.

Historisch-genetische Herkunft
Hybride aus Merlot und einer krankheitsresistenten Rebsorte mit nicht bekanntgegebener Identität (einfach *Resistenzpartner* genannt), die im Jahr 1991 erzeugt wurde.

Etymologie
Benannt nach einer Elternsorte.

Rebfläche in der Schweiz
0,26 ha.

Weine
Die Weine der Merlotin sind farbintensiv und ähneln mit einer runden Struktur und feinen Tanninen, einer ausgewogenen Säure und einer leichten Süße (Restzucker) dem Merlot. Diese kürzlich verbreitete Hybride wird in Verschnitten bei Turmgut Weine in Meilen (Zürich) vinifiziert, aktuell scheinbar der einzige Produzent.

Millot-Foch

Hauptsynonyme
VB 85-1.

Farbe
Schwarz.

Historisch-genetische Herkunft
Hybride aus Léon Millot und Maréchal Foch.

Rebfläche in der Schweiz
2,48 ha.

Weine
Die Weine der Millot Foch haben Aromen von Wildbeeren, Kirschen und Noten von Pfeffer sowie seidige Tannine. Man findet sortenreine Weine bei ihrem Züchter sowie bei Creux-de-la-Terre in Delsberg (Jura). In Verschnitten wird sie bei der Martin-Stiftung in Erlenbach (Luzern) vinifiziert.

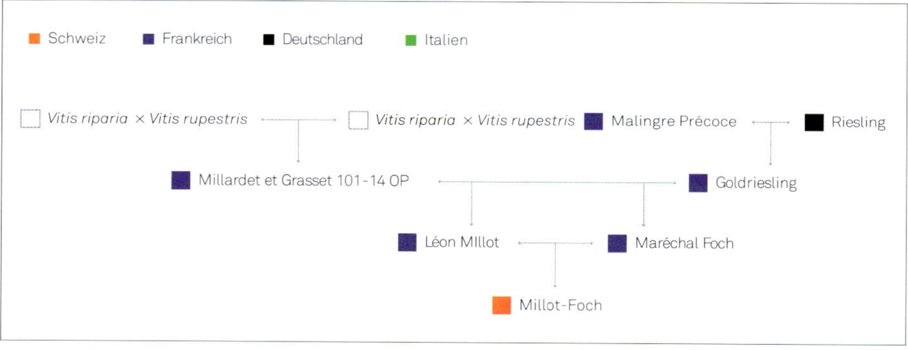

Die Millot-Foch ist eine interspezifische Neuzüchtung aus Léon Millot und Maréchal Foch; jede dieser Geschwisterhybriden wurde durch Befruchtung der Millardet et Grasset 101-14 OP mit der Goldriesling erhalten. Die Millot Foch ist somit ein Nachkomme der *Vitis riparia* und der *Vitis rupestris*, die ihm ihre gute Resistenz gegenüber Pilzkrankheiten verleiht.

Pinotin

Hauptsynonyme
VB 91-26-19.

Farbe
Schwarz.

Historisch-genetische Herkunft
Hybride aus Pinot Noir und einer krankheitsresistenten Rebsorte mit nicht bekanntgegebener Identität (einfach *Resistenzpartner* genannt), die im Jahr 1991 erzeugt wurde; der Name wurde im Jahr 2002 eingetragen.

Etymologie
Benannt nach einer Elternsorte.

Rebfläche in der Schweiz
0,16 ha.

Weine
Die Weine der Pinotin kommen eher Cabernet Sauvignon als Pinot nahe, haben eine dunkle Farbe und Aromen von schwarzer Kirsche. Auch die bekanntgegebene Verwandtschaft ist unsicher. In der Schweiz verwenden nur einige Produzenten die Pinotin in Verschnitten, zum Beispiel die Diroso-Kellerei in Turtmann (Wallis) oder Cave Saint-Germain in Bevaix (Neuenburg). Sie wird auch in Deutschland angepflanzt.

Réselle

Hauptsynonyme
VB 86-3.

Farbe
Weiß.

Historisch-genetische Herkunft
Hybride aus Bacchus und Seyval Blanc. Sie ist somit eine Geschwisterhybride der Birstaler Muskat.

Etymologie
Benannt nach dem Dörfchen La Réselle in der Nähe von Soyhières (Jura), wo ihr Züchter ansässig ist.

Rebfläche in der Schweiz
1,08 ha.

Weine
Der Züchter der Rebsorte, Valentin Blattner, ist praktisch der einzige Produzent, der sie sortenrein herstellt (zusammen mit der Rebbaugenossenschaft Kibberg-Schlössli). Réselle ist ein leichter Wein mit Aromen von Grapefruit, Zitrone und schwarzer Johannisbeere.

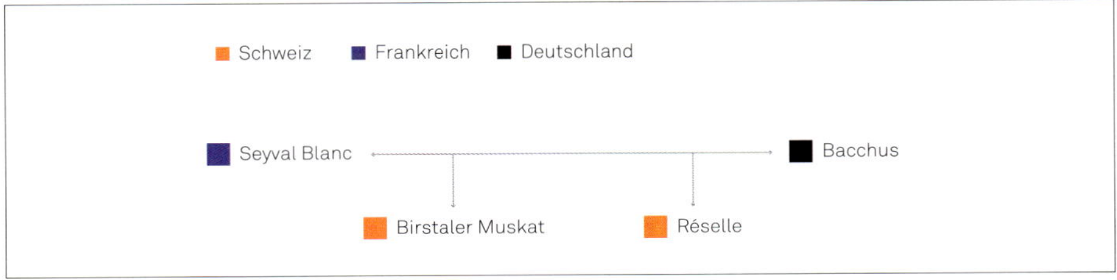

Die Réselle ist eine interspezifische Neuzüchtung aus Seyval Blanc und Bacchus; sie ist somit eine Geschwisterhybride der Birstaler Muskat. Seyval Blanc ist eine interspezifische, komplexe Hybride, die im 19. Jahrhundert an der Isère (Frankreich) erzeugt wurde; Bacchus ist eine gezielte Kreuzung aus Silvaner × Riesling und Müller-Thurgau, die im Jahr 1933 in Siebeldingen (Rheinland-Pfalz/Deutschland) erzeugt wurde.

Riesel

Hauptsynonyme
VB 11-11-89-12.

Farbe
Weiß.

Historisch-genetische Herkunft
Hybride aus Riesling und einer krankheitsresistenten Rebsorte mit nicht bekanntgegebener Identität (einfach *Resistenzpartner* genannt), die im Jahr 1989 erzeugt wurde.

Etymologie
Benannt nach einer Elternsorte.

Rebfläche in der Schweiz
0,0 ha.

Weine
Der Wein ist fruchtig und ähnelt dem Riesling, hat aber einen geringeren Säuregehalt und weniger Komplexität. Riesel wird hauptsächlich in den Niederlanden und in Dänemark angebaut; in der Schweiz ist sie nicht vorhanden.

Sauvignon-Soyhières

Hauptsynonyme
VB 32-7.

Farbe
Weiß.

Historisch-genetische Herkunft
Hybride mit nicht bekanntgegebenen Eltern, die im Jahr 1998 erzeugt wurde.

Etymologie
Gebildet aus dem Namen einer Elternsorte (Cabernet Sauvignon oder Sauvignon Blanc) und dem Ort der Erzeugung.

Rebfläche in der Schweiz
3,24 ha.

Weine
Die Weine präsentieren Aromen von Holunderblüte, Melone und Passionsfrucht, die dem Sauvignon Blanc ähneln. Mit Ausnahme des Züchters Valentin Blattner werden sie von wenigen Produzenten sortenrein hergestellt, zum Beispiel bei Hof Wynegg in Malans (Graubünden), Chiquet-Les Vins in Ormalingen (Basel) und dem Weingut Fibl in Frick (Aargau). Andere Produzenten kultivieren Sauvignon-Soyhières hauptsächlich für Verschnitte, so Hof Kasteln in Oberflachs (Aargau), Bio-Weinbau Geiger in Thal (St. Gallen), Weinbau zur Krone/Boner-Liechti in Malans (Graubünden), Cà di Ciser in Mergoscia (Tessin) und Cantina Settemaggio in Monte Carasso (Tessin).

Von Valentin Blattner noch nicht benannte Hybriden

Von den Hybriden von Valentin Blattner, die noch nicht benannt und deren Eltern nicht bekanntgegeben wurden, werden einige bereits auf über einem Hektar kultiviert. Sie sind es wert, kurz beschrieben zu werden.

VB CAL 1-28

Hybride mit schwarzen Beeren, die 1,68 ha in der Schweiz bedeckt. Sie gibt Weine mit einem hohen Säuregehalt, einer kräftigen Farbe und Aromen von Brombeere und schwarzer Kirsche. Sie wird zum Beispiel im Bio-Lindenhof in Freienstein (Zürich) sortenrein hergestellt und bei Chiquet-Les Vins in Ormalingen (Basel) in Verschnitten verwendet.

VB CAL 1-36

Hybride mit schwarzen Beeren, die auf 1,33 ha in der Schweiz kultiviert wird. Sie wird zum Beispiel bei Chiquet-Les Vins in Ormalingen (Basel) für Verschnitte vinifiziert.

VB CAL 6-04

Hybride mit weißen Beeren, die 2,08 ha in der Schweiz bedeckt. Sie gibt Weine, die an Riesling erinnern, mit Aromen von Zitrus und Aprikose und häufig mit einer leichten Süße (Restzucker). Sie wird vorläufig nur für Verschnitte vinifiziert, zum Beispiel im Weingut Lienhard & Vögeli in Teufen (Zürich) und bei der Cantina Settemaggio in Monte Carasso (Tessin).

Von Agroscope gezüchtete Hybriden

Seit 1996 hat die landwirtschaftliche Forschungsanstalt Agroscope ihre Forschungsarbeit auf Hybriden konzentriert, die gegen Pilzkrankheiten resistent sind, hauptsächlich gegen den Falschen Mehltau, den Echten Mehltau und die Rohfäule (*Botrytis cinerea*). Während bestimmte europäische Rebsorten resistenter gegenüber der Rohfäule sind, sind die anderen Arten der Gattung *Vitis*, die ursprünglich aus Amerika oder Asien stammen, resistenter gegen den Falschen und den Echten Mehltau. Daher wird angestrebt, mehrfache Kreuzungen zwischen den amerikanischen oder asiatischen *Vitis* und den europäischen Rebsorten durchzuführen, um resistente Hybriden zu erhalten, die zufriedenstellende önologische Eigenschaften bieten.

Divico ist die Erstgeborene aus diesem Programm und hat aufgrund des Einflusses von landwirtschaftlichen Betriebsmitteln auf die Gesundheit und die Umwelt auf Anhieb ein reges Interesse bei umweltbewussten Produzenten ausgelöst: Ihre Sorten können die Verwendung von Pflanzenschutzmitteln, die beim Anbau der klassischen europäischen, krankheitsanfälligen Rebsorten notwendig sind, drastisch reduzieren. Eine weiße Rebsorte, die aus dem gleichen Auswahlprogramm wie Divico stammt, sollte in zwei bis drei Jahren verfügbar sein. Andere Hybriden werden derzeit vorläufig unter Codenamen (IRAC, gefolgt von einer Zahl) von Agroscope untersucht, zum Beispiel Bronner × Cornalin (oder Rouge du Pays; Codename IRAC 1933, bereits auf 0,03 ha kultiviert), Bronner × Gamaret (IRAC 2060, bereits auf 0,16 ha kultiviert), Gamay × Solaris, Gamaret × Solaris, Seyval Blanc × Gamaret, Garanoir × Seyval Blanc, Gamaret × Chambourcin. Einige von ihnen werden in Zukunft zweifellos zu den resistenten Rebsorten der Schweiz gehören, während andere wohl aufgegeben werden, wie RAC 3209 (Gamay × Chancellor), die sich nicht zufriedenstellend entwickelt hat und nur noch in Verschnitten vom Weinbauverein Triesen (Liechtenstein) verwendet wird.

Seit 2009 arbeitet Agroscope mit dem Institut National de la Recherche Agronomique (INRA) in Colmar (Frankreich) zusammen, um Hybriden zu erschaffen, die mehrere Resistenzen gegen eine spezifische Krankheit bieten und somit sehr hohe Widerstandsfähigkeiten und eine langfristige Garantie für deren Stabilität sicherstellen. Die ersten anerkannten Rebsorten werden etwa im Jahr 2025 erwartet.

Divico

Kurzbeschreibung
Multiresistente Hybride, vielversprechend für einen Weinanbau ohne Pflanzenschutzmittel.

Farbe
Schwarz.

Historisch-genetische Herkunft
Divico ist eine Hybride aus Gamaret und Bronner, die im Jahr 1996 durch Jean-Laurent Spring erzeugt wurde. Bronner selbst ist eine deutsche Hybride, die Resistenzgene enthält, welche von amerikanischen Reben (*Vitis rupestris* und *Vitis lincecumii*) und asiatischen Reben *(Vitis amurensis)* stammen. Die Divico wurde

Divico

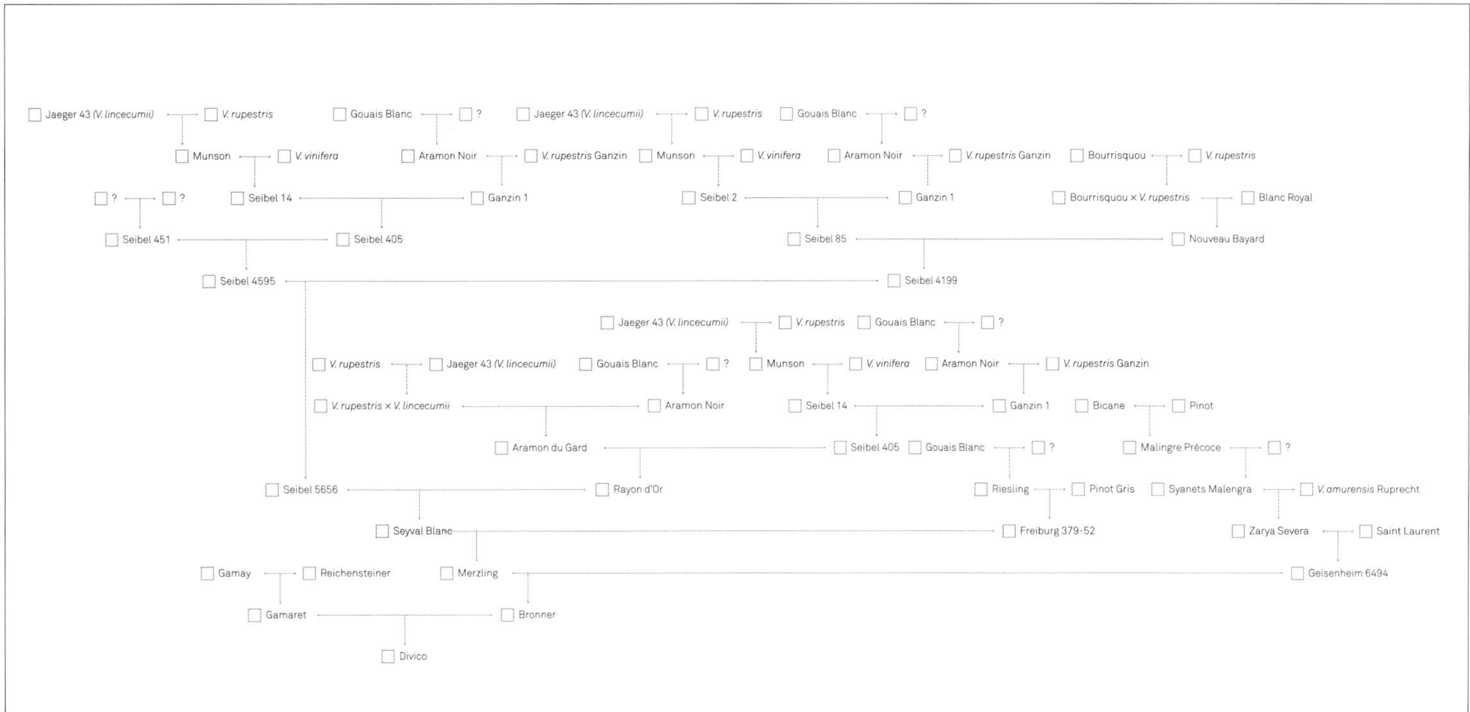

Divico ist eine interspezifische Neuzüchtung zwischen Gamaret und Bronner, die selbst eine komplexe Hybride aus Deutschland ist. Sie ist somit eine Nichte der Garanoir und der Mara. Ihr Stammbaum enthält Rebsorten von *Vitis vinifera* sowie Individuen amerikanischer Reben (*Vitis rupestris* und *Vitis lincecumii*) und asiatischer Reben *(Vitis amurensis)*, welche Träger von Krankheitsresistenzen sind. Für die Nachverfolgung des Stammbaums der Reichensteiner siehe den Stammbaum der Gamaret.

ursprünglich als IRAC 2091 erfasst, bevor sie von ihrem Züchter anlässlich ihres offiziellen Erscheinens im Jahr 2013 umbenannt wurde. Sie bietet eine hohe Resistenz gegenüber dem Falschen und dem Echten Mehltau sowie der Rohfäule und ermöglicht es, die Verwendung von Pflanzenschutzmitteln drastisch zu reduzieren.

Etymologie
Divico war ein helvetischer Anführer, der eine römische Armee besiegte. Der Name symbolisiert somit die gute Resistenz dieser Rebsorte.

Rebfläche in der Schweiz
Etwa 10 ha.

Weine
Die Divico gibt sehr farbintensive Weine mit Aromen von Gewürzen, Pfeffer, Nelke, Heidelbeere und Veilchen und ist reich an hochwertigen Tanninen. Sie wird von Domaine de Chambleau in Colombier (Neuenburg), Domaine La Colombe in Féchy (Waadt), Cave Le Bosset in Leytron (Wallis) und von Didier Joris in Chamoson (Wallis) sortenrein ausgebaut. Letzterer hat seit der Anpflanzung im Jahr 2012 keine Behandlung an der Rebsorte vorgenommen.

Andere Schweizer Hybriden

Neben einigen anekdotischen Hybriden mit möglicherweise amerikanischem Ursprung, die aber nur sporadisch in der Schweiz kultiviert werden – wie Madera und Magliasina –, wurden die folgenden Rebsorten in der Schweiz erhalten und werden auf über 0,3 ha angebaut.

Kalina

Kurzbeschreibung
Unbedeutend, vor allem als Tafeltraube angebaut.

Farbe
Rötlich-violett.

Historisch-genetische Herkunft
Hybride, die in den 1970er-Jahren von Anton Meier in der Rebschule Meier in Würenlingen (Aargau) erzeugt wurde; die Eltern wurden nicht bekanntgegeben.

Etymologie
Unbekannt.

Rebfläche in der Schweiz
0,39 ha.

Weine
Obwohl Kalina als weiße Tafeltraube beschrieben wird, hat sie rote bis violettfarbene Beeren und wird zur Herstellung von Weißwein verwendet. Sie wird bei CK-Weine in Schinznach (Aargau) sortenrein vinifiziert und für Verschnitte im Weingut Schödler in Villigen (Aargau) verwendet.

Muscat Bleu

Kurzbeschreibung
Anekdotisch, vor allem als aromatische Tafeltraube kultiviert.

Hauptsynonyme
Garnier 83/2, Muscat Bleu Garnier.

Farbe
Schwarz.

Historisch-genetische Herkunft
Die Muscat Bleu ist eine Hybride aus Garnier 15-6 und Perle Noire, die in den 1930er-Jahren durch Charles Garnier, einem Winzer aus Peissy (Genf), erzeugt wurde.

Etymologie
Der Name bezieht sich auf das Muskataroma und die Farbe der Beeren.

Rebfläche in der Schweiz
2,65 ha.

Weine
Muscat Bleu wird hauptsächlich als Tafeltraube kultiviert, aber wenn sie vinifiziert wird, gibt sie Weine mit einem sehr präsenten Muskataroma. Sie wird bei der Diroso-Kellerei in Turtmann (Wallis) als Rosé, bei Biolenz-Engelwurt in Uesslingen (Thurgau) sowie im Strasser Weingut Stammerberg in Oberstammheim (Zürich) sortenrein zu Wein verarbeitet. Man findet den Wein in Verschnitten bei mehreren Produzenten in der Deutschschweiz (Thomas Böni in Frauenfeld/Zürich, Hof Kasteln in Oberflachs/Aargau). Die Sorte existiert ebenso in Belgien und in Österreich.

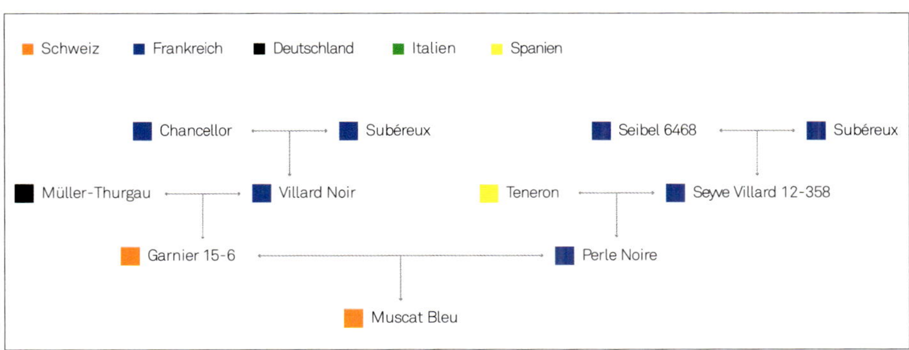

Die Muscat Bleu stammt aus einer Hybridisierung zwischen Garnier 15-6, die in der Schweiz vom gleichen Züchter kreiert wurde, und Perle Noir, die in Frankreich erzeugt wurde. Beide sind komplexe Hybriden (für den Stammbaum der Müller-Thurgau siehe Chardoris).

Siramé

Kurzbeschreibung
Aromatisch, gut angepasst an marginales Klima.

Hauptsynonyme
Salomé.

Farbe
Schwarz.

Historisch-genetische Herkunft
Hybride, die in den 1970er-Jahren durch Anton Meier in der Rebschule Meier in Würenlingen (AG) erzeugt wurde; die Eltern wurden nicht bekanntgegeben – ein Elternteil ist vermutlich eine Hybride der Seyval.

Etymologie
Unbekannt.

Rebfläche in der Schweiz
0,33 ha.

Weine
Anfangs als Tafel- und Keltertraube entwickelt, wird Siramé meines Wissens in der Schweiz nur bei Davinum in Grüningen (Zürich) und im Weingut Lenz in Uesslingen (Thurgau) kultiviert, wo der Wein in Verschnitten verwendet wird. Man findet die Sorte ebenfalls in Dänemark und in Schweden.

INDEX DER REBSORTENNAMEN

D

E

F

G

N

O

P

Q

R

S

T

U

V

W

Y

Z

WEITERFÜHRENDE LITERATUR

Aeberhard, Marcel (2005): *Geschichte der alten Traubensorten.* Arcadia Verlag, Solothurn.

Basler, Pierre und Scherz, Robert (2011): *Piwi-Rebsorten – Pilzwiderstandsfähige Rebsorten.* Stutz Druck AG, Wädenswil.

Dupraz, Philippe und Spring, Jean-Laurent (2010): *Cépages: principales variétés de vigne cultivées en Suisse.* Agroscope/École d'ingénieurs de Changins, Changins.

Robinson, Jancis/Harding, Julia/Vouillamoz, José (2012). *Wine Grapes.* Allen Lane, Penguin Books, London.

Vouillamoz, José und Moriondo, Giulio (2011). *Origine des cépages valaisans et valdôtains: l'ADN rencontre l'Histoire.* Éditions du Belvédère, Fleurier & Pontarlier.

Zufferey-Périsset, Anne-Dominique (Hrsg.) (2009): *Histoire de la vigne et du vin en Valais: des origines à nos jours.* Musée valaisan de la vigne et du vin, Siders.